崩壊したごみリサイクル

御殿場ＲＤＦ処理の実態

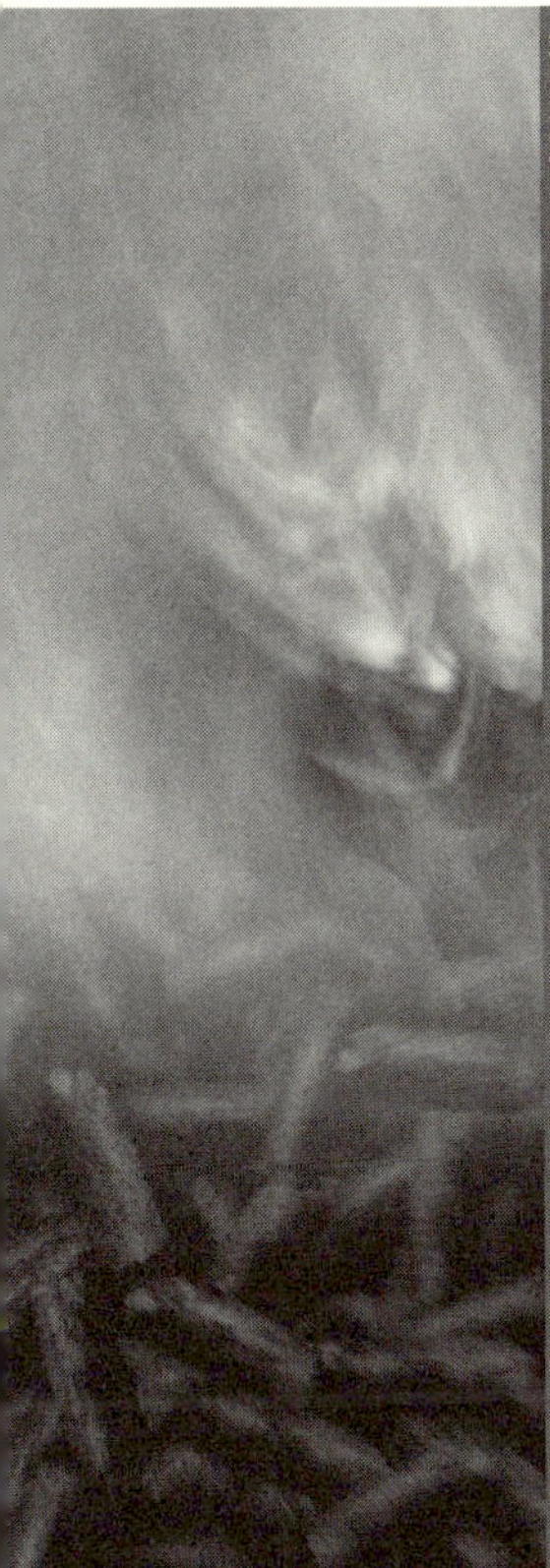

米山昭良 著

緑風出版

目　次

崩壊したごみリサイクル——御殿場ＲＤＦ処理の実態

崩壊したごみリサイクル――御殿場RDF処理の実態●目次

図１　御殿場・小山ＲＤＦセンター周辺

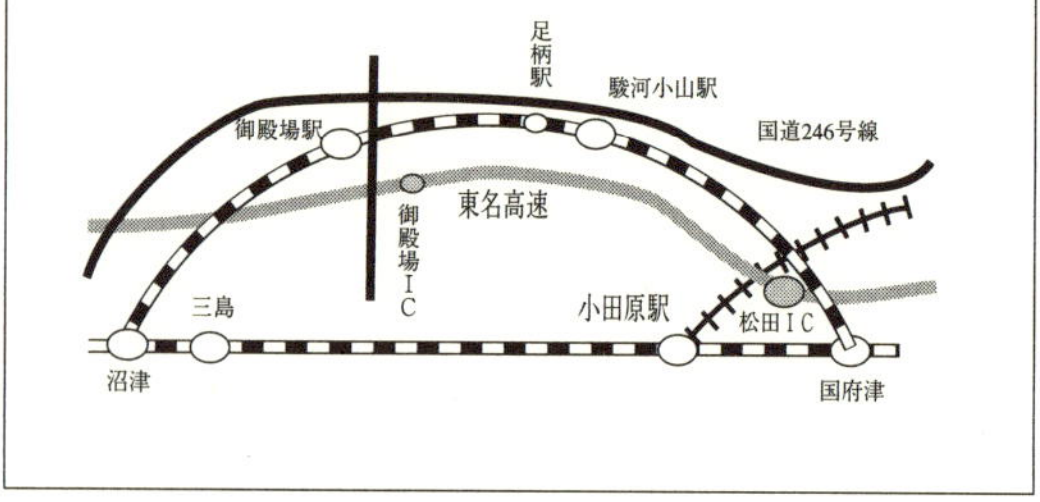

序章

狭い国土の日本で環境問題の最重要課題の一つは、廃棄物処理だろう。とりわけ、家庭から排出される生活系の一般廃棄物は、「廃棄物の処理及び清掃に関する法律（廃掃法）」により、各市町村で責任を持って処理しなければならないことになっている。

そのため、各自治体には巨額な施設建設費や処理施設に関係する住民の合意、公害防止対策、最終処分場など、厄介な問題が山積しているのが実情だ。

さらに、ごみ処理は社会状況の変化によって新たに発生するリスクも負わなければならない。特に、ごみ焼却施設に起因するダイオキシン汚染は、発がん性、急性毒性、催奇形性、環境ホルモンの影響が指摘されて大騒動を引き起こし、社会的パニックとなり、各自治体にとって真剣に取り組まなければならない課題となった。

旧厚生省もダイオキシン問題では、「ダイオキシン対策特別措置法」を制定、二〇〇二年（平成十四年）十二月一日からごみ焼却による排ガス規制値を一段と厳しくした。その一方で、各自治体には焼却炉の大型化、ごみ処理の広域化を指導してきた。

この一環として登場したのが、自治体が扱う可燃ごみを固形燃料に転換するというＲＤＦ（Refuse Derived Fuel. ごみから得た燃料）処理だ。これを売り込むメーカーは、自治体では燃やさないで処理するから、ダイオキシン発生の心配がない、また、生産したＲＤＦも、製鉄所やセメント工場の大型炉でサーマルリサイクル（資源循環型社会形成推進基本法に基づき、ごみをＲＤＦ化などして製鉄所の高炉やセメント工場のボイラーの助燃料に転用することをいう）の燃料として有償で引き取ってもらえると環境面と経済効果を、ことさら強調した。さらに、自治体にはダイオキシンを含んでいる焼却灰の処理とその処分場に悩むこともないとの利点も指摘、結果的には、最終処分場（燃やすこともリサイクルすることもできないごみを埋め立てする場所）は不燃類を廃棄するだけとなり、延命化にもつながるなど、ＲＤＦは資源循環型社会の形成に寄与するという大義名分をうたい、次世代型の「夢のごみリサイクル」と、紹介パンフレットに大々的にうたった。

また、メーカーはＲＤＦが保有する熱量にも言及して、熱量は木材の約二倍、低質石炭（褐炭とも呼ばれ炭化程度の低い暗褐色の石炭）に相当する一キログラムあたり四三〇〇キロカロリー程度あるため、限られた資源である化石燃料の代替として極めて有効であり、今後、ＲＤＦの需要は伸びると将来の明るい展望も強調した。

しかし、ＲＤＦを燃料として利用するにしても、固形であるため、一般的な灯油ボイラーとはまったく異なった、設備費も多額となるごみ焼却並みの燃焼炉が必要となり、また、多額の経費を投入してダイオキシン類や窒素酸化物、硫黄酸化物などをはじめとした排出ガスの公害抑制対策を講じなければならないことから、問題は多い。こうした要因に加え、可燃ごみを固形化する際の多大な維持・管理費を必要とする大仕掛けなシステムの必要性と、ＲＤＦ燃焼時の設備投資を考えると、まだまだ未完成の部分があり、実用化には幾つかの大きな壁が立ちはだかっているのが実態だ。

それでも、このキャッチフレーズに惑わされ、ごみ処理の広域化とRDF発電による売電事業に魅せられて、日量最大で二〇〇トン、三〇〇トンといった大規模なRDF生産施設、発電用燃焼施設を建設する自治体が、九州や中国、北陸地方などで次々と出ている。旧厚生省の指導もあり、一〇、二〇の市町村が協力関係を結んで広域処理を名目に、ごみ発電とセットで大規模施設の建設に着手して、すでに四カ所で稼働している（巻末資料2参照）。

ところが、RDFシステムを売り込んだ大手ゼネコンの口車にまんまと乗せられ、これを導入した結果、財政危機を招いて四苦八苦している自治体もある。静岡県東端、富士山麓に広がる御殿場市と小山町で組織、運営する御殿場市小山町広域行政組合（管理者・長田開蔵御殿場市長）の「御殿場・小山RDFセンター」だ。

計画当初は、ごみを燃料に変換する国内最大規模の施設という、鳴り物入りで全国から注目された。だが、稼働以来、トラブルが相次ぎ、RDFは消費先の見つからないまま倉庫に山積みとなっている。しかも一九九八年度（平成十年度）のオープン予定時の当初予算に、年間六億円程度を見込んだものの、二〇〇二年度（平成十四年度）当初予算では、一六億円余と二・七倍に膨れ上がった運営費など、多くの抜き差しならない難題を抱え込んでしまった。

「ごみが燃料に変わり、有償で引き取られる」という「夢のリサイクル」の甘言にはまったRDF施設は、おいそれと撤退できない公共事業という特殊な事情もあり、いまや幻想どころか、幻滅、あるいは地獄の様相となっている。この苦境に施工メーカーは、何ら責任の一端も感じていない。

ここに見えるのは、税金ですべてが補てんされ、取りっぱぐれのない公共事業を受注すれば、あとは何とかなるといった、ごみ処理施設を建設する大手ゼネコンのモラルハザードが堂々とまかり通る現実である。小規模の実証プラントで簡単なテストを行ない、公的機関から技術評価のお墨付きをもらって、自治体に強引な売り込み攻勢をかけ、不良品を背負わせても責任の片鱗も見せない施工業者の歪んだ企業倫理が、如実に現われている。そして、その過大なツケを払わされるのは常に、納税者である住民である。御殿場・小山のRDFセンターは、廃棄物処理施設を建設する大手業者に巣くっている病魔の構図をはっきりと示している。

施工済みの公共事業、それも毎日出てくるごみ処理という状況を背景に、この五年間、組合は莫大な維持・管理費に苦悶する毎日だった。住民に対する説明責任に迫られた組合は、ついに施工メーカーを相手にセンターのシステム全体に対する瑕疵《かし》（=欠陥）を指摘して、センターの建設費に相当する約八〇億円の損害賠償を請求する訴訟を東京地方裁判所に起こした。組合管理者を務める長田市長は、これは政治生命を賭けた戦いであると明言した。

一方、二〇〇三年（平成十五年）八月、三重県多度町のRDF発電施設で、RDFサイロ貯蔵槽が爆発・炎上して消防士二人が死亡するという悲惨な事故が発生し、RDF処理自体への不信感が加速した。二人の死亡を受けて環境省や総務省消防庁など関係省庁は全国のRDF施設と発電といった関連施設の実態調査に乗り出した。だが、三重県の事故以前から、RDFを

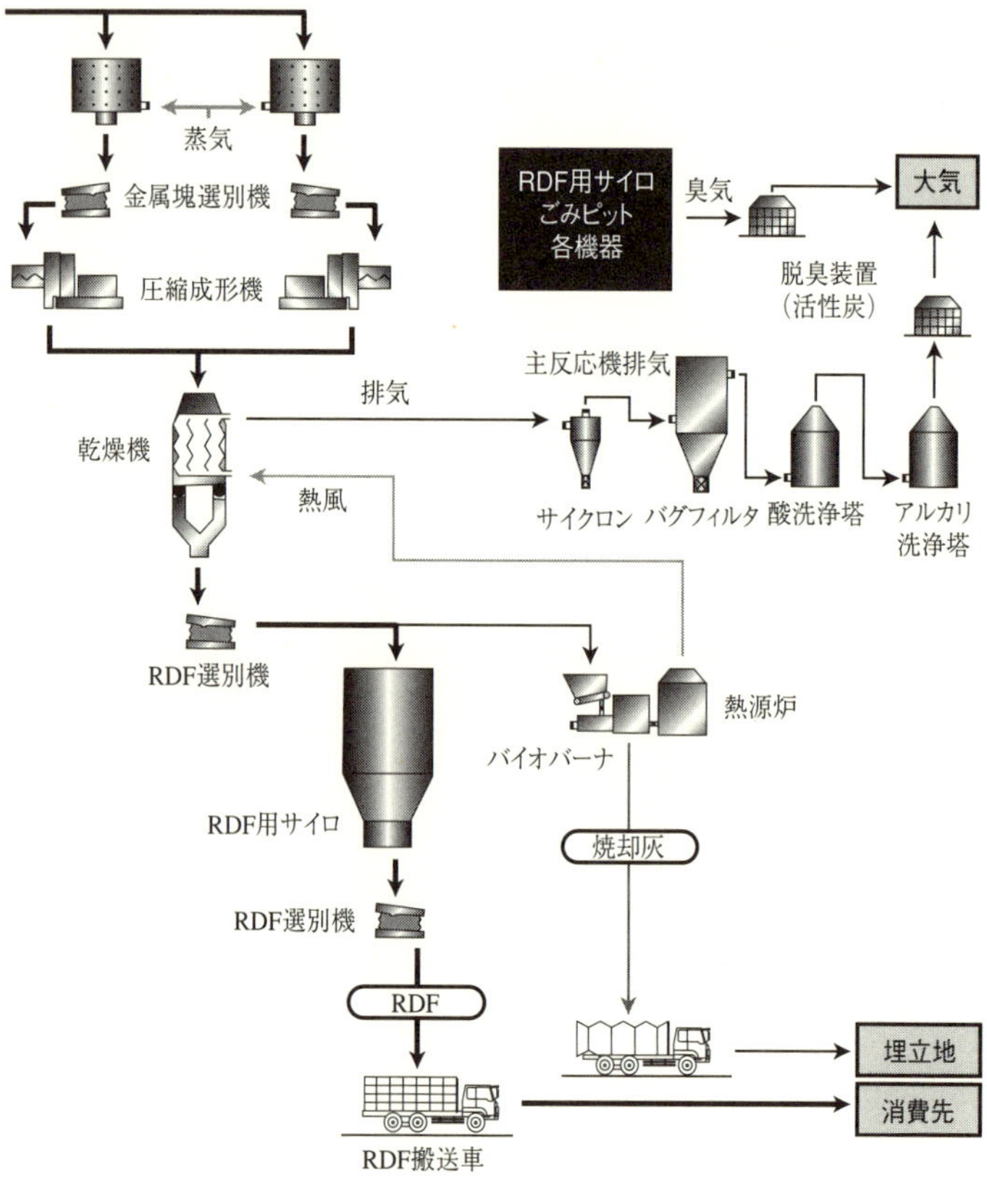

蒸気
金属塊選別機
圧縮成形機
RDF用サイロ
ごみピット
各機器
臭気
大気
脱臭装置
(活性炭)
主反応機排気
排気
乾燥機
熱風
サイクロン
バグフィルタ
酸洗浄塔
アルカリ
洗浄塔
RDF選別機
熱源炉
バイオバーナ
RDF用サイロ
焼却灰
RDF選別機
RDF
埋立地
消費先
RDF搬送車

図２　御殿場・小山RDFセンター

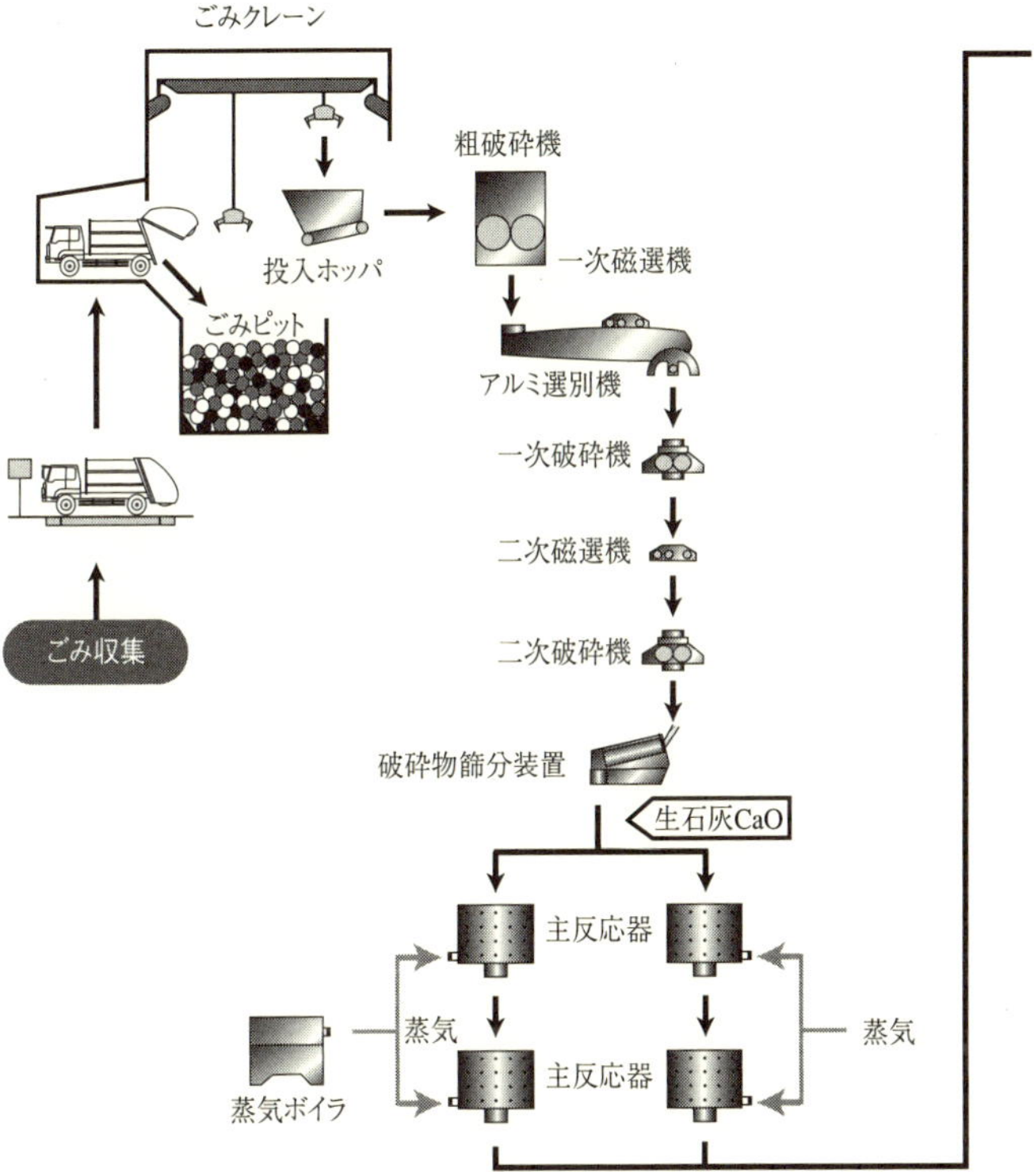

●本施設は、2系統ですが、この図は1系統です。
●ごみピット排水などは、廃水処理炉で焼却します。

生産する施設では火災や発熱・発煙などの事故を頻繁《ひんぱん》に起こしており、国の対応の遅れも指摘されている。

三重県の事故直後の同年九月、環境省は類似事故の再発防止を図るため、「ごみ固形燃料化適正管理委員会」（座長・武田信生京都大学大学院工学研究科教授）を設置して、全国にあるRDF生産施設とRDF発電所の実態調査に乗り出した。調査は、一般廃棄物をRDF化している御殿場市小山町広域行政組合をはじめとする全国五八カ所の施設を対象に、事故や異常の発生に関するアンケート形式で実施され、同年十二月二十五日、「ごみ固形燃料の適正管理方策について」という報告書にまとめられた。

五八カ所のうち、事故ありなどの回答を寄せたのは、二六施設で、発生は三二件（複数回答有り）にのぼった。RDFの乾燥機や成形機などで発熱、発火が報告されていた。

RDF発電所も同委員会の調査によると、三重県のほか、福岡県大牟田市の大牟田リサイクル発電㈱が運営する「大牟田リサイクル発電所」で二〇〇三年九月、異常発熱と発煙事故が発生して二カ月間、発電がストップした。また、石川県志賀町にある石川北部アール・ディ・エフ広域処理組合の「石川北部RDFセンター」でも二〇〇三年十月、発電のためにRDFを保管するサイロ貯蔵槽が異常発熱を起こしていた。二カ所とも、貯蔵槽底部のRDF払出しコンベア付近で、くすぶった状態や炭化したRDFが搬出されているのが確認された。

御殿場・小山RDFセンターのトラブルにしろ、三重県多度町の死亡事故にしろ、背景にあ

図３　ごみＲＤＦ化施設の事故・異常の発生状況

（調査対象施設58　回答施設数26　回答数32件　複数回答有り）

事故・異常の発生場所

発生場所	件数
原料廃棄物保管場所	1
前処理工程	1
乾燥機原料	8
成形機	5
冷却機	8
比重差選別機	1
主反応器	1
ダクト・バグフィルター	5
保管ヤード	2
合　計	32

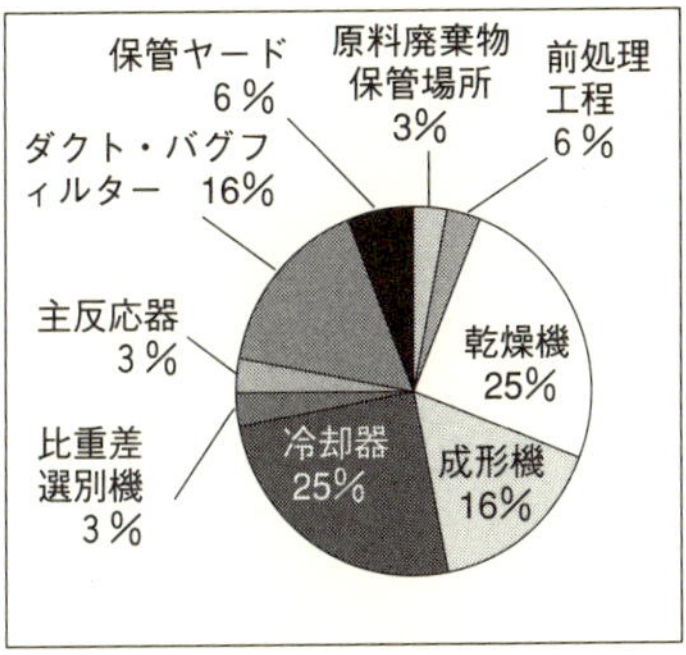

ごみ固形燃料化施設の事故発生場所

事故・異常の発生原因

発生原因	件数
問題ＲＤＦ、炭化物の搬入	8
金属による火花	4
過加熱	5
ちりの発熱	4
成形時の蓄熱	4
処理困難廃棄物の搬入	2
機器の空回り	2
その他	3
合　計	32

「その他」は、立ち上げ時の作動不良、停電による冷却停止、原料廃棄物の出火である。

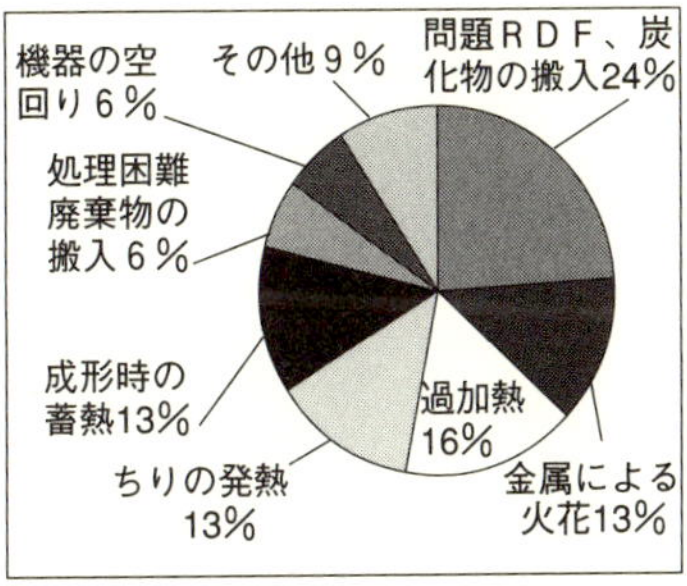

ごみ固形燃料化施設の事故発生原因

出所）環境省ごみ固形燃料化適正管理委員会報告書より

るのは、わが国がハイテクを売り物にしたごみ処理技術ばかりに走ってきた状況だ。特に可燃ごみの処理に関しては、焼却から灰溶融、ＲＤＦ、果てはガス化溶融と、メーカーの開発競争に際限がない。可燃ごみをいかに処理して、灰などの残さを縮小するかに開発メーカー、そして施設を発注する自治体も血眼になっている。

だが、わが国がごみ処理に導入してきた「可燃ごみ」「不燃ごみ」といったカテゴリーは、早急に脱却しなければならない時期を迎えている。欧米の先進地で採用している、拡大生産者責任（ＥＰＲ＝生産から流通、消費、廃棄、リサイクル、処分までを生産者が責任を負い費用も負担すること）を付加したうえでの「資源になるもの」「資源にならないもの」といった分別が強く求められている。自治体がごみ処理の根本に「可燃」「不燃」という考えを置いている限り、メーカーの処理方式開発の過度な競争に手を貸すだけで、環境は少しも改善されないだろう。「資源になるもの・ならないもの」という発想の転換に立ってこそ、ごみ問題への解決の道筋がつけられるのではないだろうか。

本書では計画当初からこの問題を取材した立場を通して、この公共事業の「負の遺産」を論証したいと思う。公共事業の落とし穴と言える可燃ごみの固形燃料化施設・ＲＤＦセンターを検証することで、ごみ処理を含めた将来の環境問題も見えるような気がする。さらに、リサイクルの美名の陰で行なわれている凄まじいエネルギー浪費に言及して、ごみ問題の本質の一端を明らかにしたい。

第1章　ごみ固形燃料（ＲＤＦ）処理に決定

〔焼却方式を放棄〕

御殿場市小山町広域行政組合で可燃ごみを固形燃料のＲＤＦとしてサーマルリサイクルに転用するという計画は、一九九一年（平成三年）三月に、スイスのカトレル社で開発された技術としてマスコミを通して紹介されたのがきっかけとなり、スタートした。これは生ごみや紙類、プラスチック類、衣類、ゴム類などの可燃ごみを細かく砕いて石灰を添加、乾燥させて圧力をかけて直径約二センチ、長さ四、五センチのペレット状に固めるというもの。

こうしてできあがったＲＤＦは、▽保存性が高い▽運搬がしやすい▽ごみと比べて安定した燃焼が得やすい▽添加した石灰が塩化水素やダイオキシンを抑制するので排ガス対策が容易である――といった利点が指摘されていた。

それまでの組合では、老朽化した燃焼方式の清掃センターを廃止して、従来と同じ方式による新たな処理施設を建設する計画が一九八九年（平成元年）から進められ、この時点では、ほぼこれで固まっていた。

しかし、ＲＤＦの情報をキャッチした、新し物好きの御殿場市の企画調整部の幹部である芹澤孝治参事が、これまでの計画の流れに横車を入れた。そして、御殿場市のごみ処理施設を担当していた市民生活部、さらに小山町、あるいは広域行政組合当局に内緒で、独自調査を行ない、メーカーであるＪカトレルグループ・共同企業体と接触、情報収集に走った。Ｊカトレルグループ・共同企業体は、スイスのカトレル社の特許を取得したＪカトレルグループ幹事社の三菱商事、ＲＤＦシステムを施工する石川島播磨重工業と荏原製作所、建屋の建設を担当するフジタから構成されていた。

また、「廃棄物の処理及び清掃に関する法律」の改正で、国の方針がリサイクル社会の構築、資源循環型社会の推進へと変更されたことも幸いして、芹澤参事はＲＤＦは次世代型のごみ処理として最も有望であるとの認識を深めていった。背景には、情報収集に協力したメーカーの強い働きかけもあった。

これを受けて参事は、処理方式の変更計画を当時の御殿場市長と助役に進言し、広域行政組合議会（議長・小野武御殿場市議）の数人の議員にもそれとなく打診した。

組合議会の議員（御殿場市議会から七人、小山町議会から五人）は一九八九年から当局と一緒になり、ごみ処理施設建設検討委員会（委員長・小野武）を組織して、焼却を念頭に新施設について協議していた関係から、未知数のＲＤＦには極めて慎重な対応をとっていた。国内での稼働実績があまりにも少なく、また、稼働している施設と比較して、御殿場・小山の場合は一〇倍の処理能力で国内最大規模となる点、生産したＲＤＦの消費先、施設完成後の維持・管理費（ランニングコスト）が不透明、といった不安が吹き出して、ＲＤＦをすんなりと容認する雰囲気ではなかった。

現に数回にわたる議員とＪカトレルグループ側のやりとりでは、システムの安全性、安定性、ＲＤＦの消費先に質問が集中した。こうした疑問に対して，メーカー側は、説明会の席上、「環境分野におきましては、非常に豊富な経験と実績を持っております。一応専門の企業でありますし、また、社会的、常識的には一流企業と自負しておる会社でございます」と自信たっぷりに応対した。

さらに、ＲＤＦの引き取り先についても、「われわれは責任を持って引き取り先の確保を引き受ける所存でございます」と保証した。加えて、ＲＤＦのユーザー開拓についても、「一つがダメなら二つ、二つがダメなら三つというように進んでいきます」と、メーカーに全幅の信頼を寄せてほしいと説得した。

それでも、数人の議員はなお、慎重論を持ち出し、消費先までのＲＤＦ運搬費は生産者側、消費者側、どちらが負担するのかといった根本的な問題まで含めて、メーカーの真意を問いただした。だが、メーカー側は金銭的な負担の面では、巧みに回答をはぐらかし、かつ、「全力を尽くして立派なプラントを建設したい」の一点張りを貫き、じわりじわりと実に根気よく、議員たちを自分たちのペースに誘導していった。

ただ、ごみ処理施設の更新計画の当初から、議員が行政側と一緒に建設検討委員会に参画して、機種決定に大きな権限を持つことになった状況は、のちに後悔の火種となった。この時になって、議員は立場の悪さに気づかされた。重大な問題が生じても、行政と一緒の資格を持って意思決定したという事実は、大きな足かせとなり、組合議会のチェック機能を大幅に後退させる結果を招いてしまったのだ。

焼却炉の更新という段階では、過去三〇年の実績のある処理方式で特別な問題はなかったことから、組合当局の「共に検討して、最善の施設にしたい」という提案を議員も率直に受け入れた。この、それぞれの役割分担を超えた共同作業は、従前にあった垣根を取り払い、胸襟を開いて公共施設を建設するという、これまでにないスタイルの採用であり、地方自治に携わる議員の誇りでもあり、大いに歓迎された。そんなことから、出発当初は、肝胆《かんたん》相照らす仲、和気あいあいの雰囲気でお互いの意見をストレートにぶつけ合う場として、機能していた。

しかし、ＲＤＦ施設で重大なトラブルの発生や、巨額な財政負担が生じる事態となると、この蜜月関係がかえって災いとなった。地方自治法では、重大な問題が生じた場合、議会は特別委員会を設置して、調査権を行使して真相解明、ことの是非を追及できる権限が与えられている。

残念なことに、ＲＤＦが重大な局面を迎えたにもかかわらず、議会は当局との蜜月関係が尾を引いて、特別委員会を組織できなかった。自らも棺桶に片足を突っ込んでしまった経緯から、ＲＤＦのトラブル発生以後は、自己の立場を正当化するだけの機能しか発揮できなくなっていた。

議員の弁明を聞けば、「ＲＤＦがこんな状態になるとは、当時まったく予想できなかった」

に終始するばかりである。トラブル以後、何回か特別委員会設置の機会があったことを考慮すると、やはり、事業執行者の一員になったという議員の奢《おご》りが、さらに事態を深刻化させたと言えないこともない。施工メーカーとの直接交渉もできず、ただ組合とメーカーの協議の結果を聞くだけの存在になったと、指摘されても仕方ない状況が生まれてしまった。結局、議員も今日の苦境を掌握できなかったという結果に終わるわけだが、それはまた、一連の経緯から改めて議会の責務とは何かを、RDF症候群（シンドローム）に悩まされ、一部で苛立ちが出始めていた住民に問いかける結果となった。

〈RDF海外視察の評価は二分〉

RDF導入に積極的な御殿場市では、この計画を強引に進めようと、RDF開発に着手して特許を取得、プラントを動かしているスイスのカトレル社へ、一九九二年（平成四年）二月、RDFを提案した芹澤孝治参事を派遣した。この時は、小山町からもごみ処理担当のトップである羽佐田孔司健康課長が同行した。

視察後に大庭健三御殿場市長、田代和男小川町長、さらに大勢の幹部職員を前に報告会が開かれた。御殿場市の芹澤参事は、「RDFはごみのリサイクルの観点から有望」との見解を示した。しかし、小山町の羽佐田課長は、「不安定要素が多く、導入には問題が残る」と回答した。

この視察ではスイスのプラントは定期点検を理由に稼働しておらず、ＲＤＦの消費も不調で、湿気を吸って崩れかけたＲＤＦが裏の敷地に山積みされていたという。スイスのプラントはその後も稼働が見送られ、結局、事業が中止されたことも、ずっとあとになってわかった。

報告会で、現物を直接見て、詳しく調査する立場にあった職員の見解が真っ向から対立したことは、通例では計画の実行が見送られるか、再検討されることになる。しかし、この時は、最終判断は保留された。そこで芹澤参事は、執念深く機会を窺った。さらに、国内にある小規模の類似施設を次々と広域行政組合議会議員に視察させて、ＲＤＦの利点を徐々にすりこんでいった。

視察は念には念を入れて、広範囲にわたり、十数回に及んだ。組合議会議員にはＲＤＦ施設だけでなく、ＲＤＦを燃焼しているボイラーも見学してもらい、その都度、現地での係員に、「素晴らしい施設」の説明を吹聴してもらった。

視察後の細部にわたる評価は、だめ押しの形で御殿場市議会、小山町議会の議員にも逐一報告された。関連で大分県津久見市にある実証プラントも見てもらった。また、地元に最終的な合意を得るため、施設の立地先である小山町桑木区の住民も視察に招待して、不安の解消に極力努めた。

数段構えの仕掛けを用意して、じっくりと外堀を埋めていく作戦が功を奏して、それぞれが抱いていたＲＤＦへの不信感は解消されていった。そして、ついに建設検討委員会は、メーカーのプレゼンテーションを一通り聴くという、段取りを受け入れた。

当時、ＲＤＦのメーカーはＪカトレルグループ（三菱商事・石川島播磨重工業・荏原製作所・フジタ）の共同企業体と、旧東洋燃機、現在は川崎製鉄の傘下にあるＲＭＪ（日本リサイクルマネージメント）の二社だけだった。この時点での国内実績は、ＲＭＪ方式が数段勝っていた。

可燃ごみのＲＤＦ処理の流れは、両社とも、受け入れたごみをまず、大まかに破砕して可燃物に混ざった鉄やアルミの金属類、ガラスといっだ不燃物を選別機で取り除く。次にごみをさらに細かくするため、破砕密度の高い破砕機に運ぶ。この工程を経て最後に、圧縮成形機でクレヨンに似たペレット状のＲＤＦにする。

ただ、ＲＤＦシステムはごみピットからいきなり焼却炉に運ばれる燃焼式と比べて、複雑な仕様となっている。様々な処理工程があるため、多くの処理機と付属機器類、ごみを運搬するコンベア、これらを動かす大型モーターの設置が必要となり、現場はまさにごみ固形燃料生産工場と言える。

同じＲＤＦシステムでも両社の違いは、破砕した可燃ごみの水分を除いて固めるために使う添加剤だった。Ｊカトレルグループは生石灰を、ＲＭＪは消石灰を利用していた。Ｊカトレルでは生石灰が水分に反応すると、熱を発生させるという性質に注目し、乾燥工程での燃料消費が抑制できると説明した。また、Ｊカトレルは破砕されたごみを乾燥前に成形機にかけてＲＤ

図4　ＲＤＦ生産のフロー

乾燥後に成形（固形化）工程がある方式

ごみ受入 → 破壊・選別 → 乾燥（乾燥機出口温度約130℃） → 選別 → 成形（添加剤）（成形機出口温度約80～90℃） → 冷却 → 保管（ＲＭＪ方式）

乾燥前に成形（固定化）工程がある方式

ごみ受入 → 破壊・選別 → 選別（添加剤）（反応工程含） → 成形（成形機出口温度約80～90℃） → 乾燥（乾燥機出口温度約130℃） → 冷却 → 保管（Ｊカトレル方式）

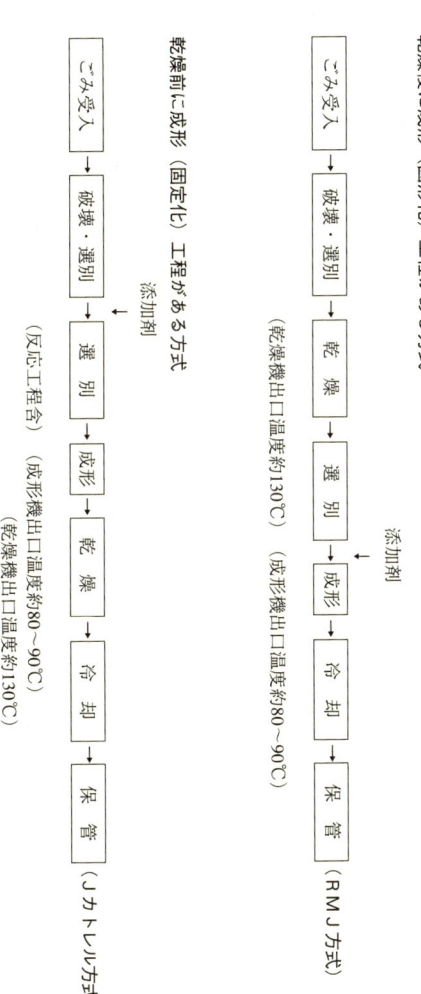

Ｆ化したあと、乾燥機で乾燥させるが、ＲＭＪでは破砕したごみを乾燥させたあと、成形するという手順となっている。

生ごみが可燃ごみ全体の三〇％近くを占める性質上、乾燥工程で灯油使用量が節減できて、ランニングコストも低く抑えられるという点が、Ｊカトレルが最も強調したセールスポイントだった。確かにＲＭＪは、灯油使用量が多かった。

ＲＤＦに対する評価は、燃焼式との比較でも試みられた。ストーカ炉（焼却炉内の火格子を機械で動かして、ごみを移動させながら消却する方法）を建設する場合、試算では公害防止を含めると、一二〇億円かかるとされていた。それに比べてＲＤＦ施設は、半額の六〇億円で建設できるとメーカー側は、具体的な数値も示して説明し、さらに、建設費プラス、完成後一五年間にわたる維持・管理費を含めても、燃焼式よりも五〇億円安くなるとの試算を示した。そのうえ、Ｊカトレル方式はＲＭＪ方式と比較して、建設コスト、維持・管理費ともに安くなるとの評価書を提示した。

〔ダイオキシン問題がＲＤＦに追い風〕

こうした状況もさることながら、ＲＤＦに有利な局面が訪れた。全国各地で既設の焼却炉や施設周辺の土壌からダイオキシンが検出される事態が続々と起こった。それればかりか、焼却灰を埋めている最終処分場、そしてその周辺の土壌からも次々とダイオキシンが検出されるに至り、汚染パニックは加速した。ごみ焼却は危険極まりない処理方式の烙印を押されてしまった。

また、ダイオキシンがサリンの三〇〇〇倍の毒性を持ち、子孫にまで奇形、遺伝子障害などの影響を及ぼすとの報告もあり、焼却、イコール、ダイオキシン発生という構図が世論にできあがってしまった。このダイオキシンシンドロームに便乗してＲＤＦは、急速に注目されはじめた。可燃ごみを固形燃料化するＲＤＦは、「燃焼工程がない」、これが切り札となった。だから、施設からは絶対にダイオキシンは発生しないというのが、最も強調されていった。導入に積極的だった芹澤参事は、この期を逃さず、この点を強く主張して、施設の安全性を力説した。

ダイオキシンは、御殿場市と小山町のごみ処理に伴う環境リスク、健康を心配する立地先の住民にも大きな影響を与えて、ＲＤＦ導入へ追い風となった。焼却によるダイオキシン発生が騒がれるほど、ＲＤＦの安全性が定着していった。ＲＤＦに懐疑的だった人たちも、燃焼しないというシステムのため、容認の方向に傾きはじめていた。

この間、御殿場市では大きな変化があった。一九九三年（平成五年）一月末、市長選挙が行なわれた。現職の大庭市長は既に引退を表明していたことから、新人二人による選挙戦が繰り広げられた。結果は、東大工学部卒、国土庁の課長を務めたキャリアである内海重忠候補が、ベテラン県議を退けて、初当選を果たした。

内海新市長の登場で、ＲＤＦ推進の芹澤参事は、今後の成り行きにハラハラしていた。官僚出身という、これまで御殿場市にない経歴の市長誕生に、芹澤参事は、どうアプローチしていいかわからなかった。それ故、実績に乏しいＲＤＦは白紙撤回になる可能性もあり、彼はこれを最も恐れていた。しかし、官僚出身の内海市長は、工学部に籍を置いた経験と、ＲＤＦに詳しい大学の先輩から情報を集めて、自らＲＤＦの将来性について、検討していた。その結果、ＲＤＦは有望との判断を示して、「ゴー」サインを出した。

また、内海市長は、御殿場市によるＲＤＦ方式の独断先行が原因で、立地先の住民と感情的な対立が生じていた状況を打開するため、桑木区全戸を訪問して謝罪するという行動もとった。副管理者として広域行政のパートナーでもある田代和男小山町長にも、懐疑を晴らすため、これまでの経過や自分自身のＲＤＦに対する評価を説明し、理解を求めた。さらに、町長に大分県津久見市の実証プラント（Ｊカトレルグループ・共同企業体が一九九三年十一月に完成させた。処理能力は一時間で最大二・五トン、一日八時間稼動で最大二〇トン）の視察、大阪府の関連施設の見学を積極的に薦めた。

内海市長自身も議員と一緒にこの年の十一月、津久見市の実証プラントと、固形燃料を燃焼している長崎市にある民間企業の研究所を訪れて、検証にあたった。一連の調査を経て、内海市長は燃焼式から「夢のリサイクル」というＲＤＦの発想にますます意を強くしていった。広域、または両市町の議員もＲＤＦに対する、市長の説得力ある積極的な態度を見て、処理方式をＲＤＦに移行させるという考えに変わっていってしまった。

そんな中、ＲＤＦ建設メーカー側の強い働きかけもあり、九三年度には厚生省（当時）がＲＤＦ施設建設を国庫補助対象事業として認可した。

〔ＲＤＦで契約を締結〕

国庫補助対象となったのを機に建設検討委員会は一九九四年（平成六年）三月、ＲＤＦ処理方式を決定した。そこで広域行政組合事務局はメーカーの選定を急いだ。施設の発注仕様書、技術評価審査報告書に基づき、同年十二月には建設工事の実施設計の業務を委託した。これを基本資料に、業者選定は通常の指名競争入札を採用せず、三菱商事を幹事社とするＪカトレルグループと、異例とも言える特命随意契約を九五年（平成七年）十月、正式に締結し、議会も工事請負契約案を承認した。

議会では、この特命随意契約について質疑がでた。説明にあたった当局は、処理工程で生石灰を使用するのは、Ｊカトレルだけであり、特許も取っている関係から一社に絞ったと、理解を求めた。

建設費は七九億二〇七〇万円。うち、六〇億円は地方債による借入金で、国からは東富士演習場関連による民生安定事業のメニューからの防衛補助金一〇億五〇〇〇万円。残りを御殿場市と小山町の一般会計から、繰り出した。人口が八万三〇〇〇人の御殿場市、二万二〇〇〇人の小山町、計一〇万五〇〇〇人にとり、必要不可欠のごみ処理施設とはいえ、一人当たり五万七〇〇〇円、六〇億円の債務は後年度負担を重くした。

一九九五年（平成七年）十一月一日、Jカトレルグループ・共同企業体主宰の起工式が、建設地の東名高速道路・足柄サービスエリアから東に五〇〇メートルの現地で、盛大に行なわれた。当日は季節外れの強風が吹き荒れて、大テントを大きく揺さぶって前途に一抹の不安を投げかけた。

こうして、可燃ごみの固形燃料化施設「御殿場・小山ＲＤＦセンター」は、本格的な建設に入った。建物は地上五階、地下二階の処理施設のほか、管理棟など。処理システムはＡ系列とＢ系列の二つに別れている。処理量は一系列で一時間あたり五トン、一日一五時間稼働で、二系列合わせて最大一五〇トンの設計だった。完成は一九九八年（平成十年）三月二十日。同年の四月から、本稼働を予定していた。

〔施設チェックの職員が疑問を持つ〕

この一連の流れの中で、組合事務局の新清掃センター施設建設室の田代光一室長はＲＤＦシステムに疑問を抱いた。田代室長は、大手民間企業でごみ処理施設や汚泥処理施設などの設計に携わり、のちに御殿場市に採用された経歴を持つ。その豊富な専門知識が請われて広域行政

御殿場・小山ＲＤＦセンター全景

組合へ出向し、ＲＤＦセンターをチェックするチーフに就任した。そこで、独自に全国のＲＤＦ施設の資料や技術的な知見結果の報告書を収集する一方で、企業体から提出された設計図も詳しく調べた。この作業を通して、田代室長は自分なりの疑問が生じたため、企業体の担当者に尋ねた。

とりわけ、全国でも実績のない新機器については、「本当にこれで大丈夫なのか。私は設計上からも無理があり、処理工程でトラブルを起こし、混乱を招くのではないか」といった質問を次々と出した。企業体の設計者は、「既に大分県の実証プラントで十分性能が確認されており、心配するトラブルは起こらない」と反論した。さらに、「われわれもごみ処理のプロであり、それなりの知識を持って設計にあたった」と、疑問点を咎められ、心配は杞憂《きゆう》にすぎないと一蹴《いっしゅう》されたという。

それでも田代室長はフツフツと湧いてくる疑問が気になり、当時ＲＤＦ推進派の筆頭で参事から昇格して直属の上司となっていた芹澤組合事務局長に対して、大分県津久見市のプラントを視察させてくれるよう、出張願いを出した。田代室長は施設のチェックマンの任務を帯びており、視察は当然許可されるものと思っていた。しかし、芹澤事務局長は、「管理者の市長や副管理者の町長が既に視察を終わり、ＲＤＦシステムで合意している。君がいまさら視察しても意味がない」と認めなかった。それでも田代室長は、無理を承知で視察を執拗に事務局長へ頼み続けた。だが、視察はどうしても許可されなかった。

ところが、ＲＤＦセンターの実施設計書の完成をふまえ、一九九五年（平成七年）十月の工事請負契約締結の議会承認を受けると、不思議なことに芹澤事務局長は、チェックマンの田代室長の視察を突然許可した。室長は怪訝《けげん》に思いながらも、ともかく自分の目で津久見市のプラントを検証しようと、現地を訪れた。

図5　御殿場・小山RDFセンター配置図

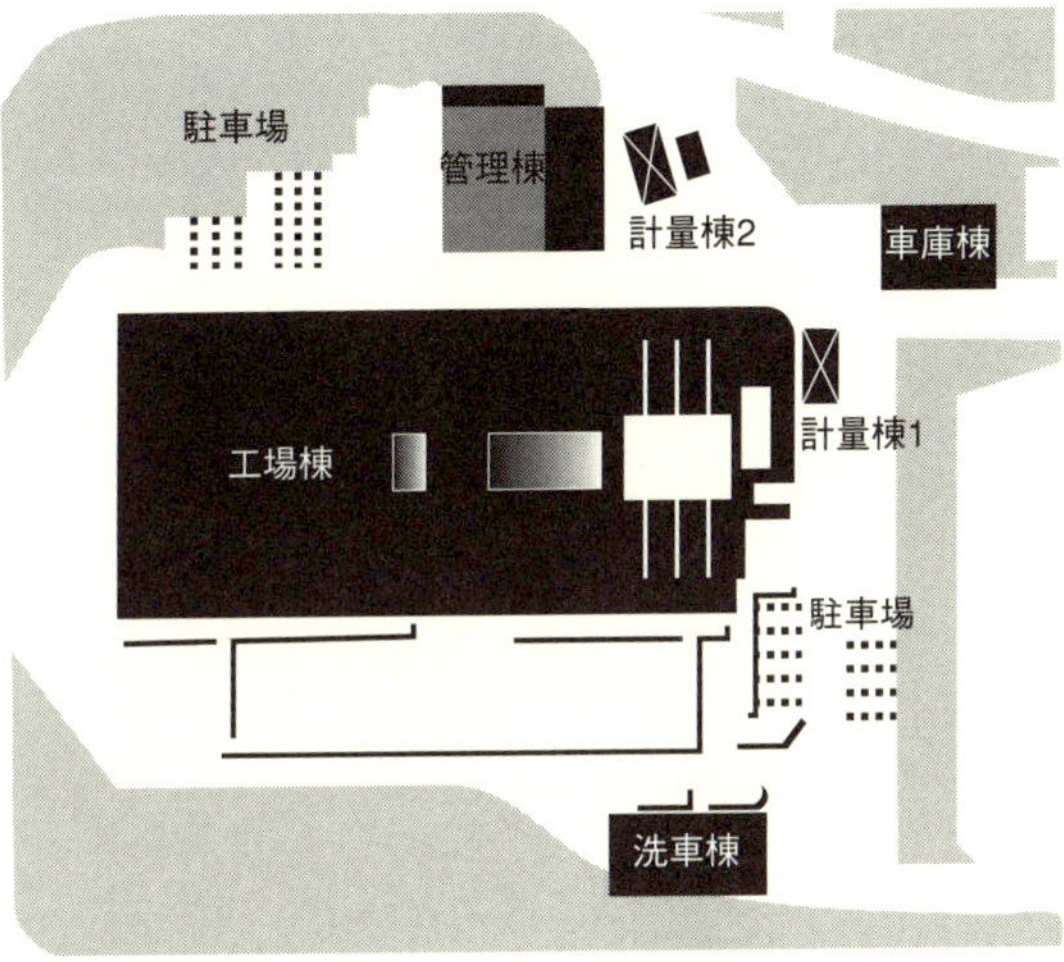

　津久見市のプラントは「ドリーム・フューエルセンター」と呼ばれ、人口約二万六〇〇〇人の市内から出る可燃ごみをＲＤＦ化している。一九九六年十二月から稼動を開始。

　メーカーは同市内にＲＤＦの実証プラントを建設して技術評価のデータを収集していたＪカトレルグループ・共同企業体（三菱商事、石川播磨重工業、荏原製作所、フジタ）。実証プラントをひと回り大きくしたもので、処理能力は一日八時間稼動で最大三二トン。

　現地で田代室長は、担当者からＲＤＦをＰＲするパンフレットや、ごみが燃料になるという、夢のリサイクル施設を紹介したビデオのほか、直接施設内を見せてもらった。担当者は通常の見学コースを案内したが、室長は設計図から疑問に感じていた機器類について、特に念入りに調査しようと思い、その場への誘導を依頼した。担当者は、「そこはちょっと……」と難色を示したが、室長の根気に負けて承諾した。

案内されると、心配した通りのトラブルが起こっていた。あるコンベアの動力部付近では、過負荷に耐えられずにモーターがダウン、復帰のために外にかきだした破砕ごみが周辺に散乱していた。また、破砕されたごみと生石灰を反応させる主反応機も調子が悪いといった本音も聞き出すことができた。さらに、設計上の処理能力が時間内に満たせず、未処理のごみは、メーカー派遣の業者が時間外に処理しているという点も確認できた。臭気も発生していた。こうして田代室長は、これまでの、ＲＤＦは有望、夢のリサイクルといった伝聞とは、まったく異なった声を拾うことができた。

田代室長は現地で集めた資料をまとめ、レポートとして芹澤事務局長に提出し計画の再考、あるいはさらなる綿密な詰めを共同企業体とする必要性を訴えた。このまま工事が進み、国内最大規模のＲＤＦ施設が完成しても、トラブルが発生する可能性が高いことを現地で撮影した写真も持参して、警告した。しかし、事務局長は、「事業は既に始まっている。すべて順調、問題はない。君はいちゃもんをつけるのか」とすごまれたという。

こんな事情があったにもかかわらず、建設工事は順調に進んで、一九九六年（平成八年）八月に建物部分は完成、システムを支える処理機器類の設置も、順次行なわれていった。この間、当局や組合議会は、生産されるＲＤＦの消費先の開拓や、管内消費を依頼した中外製薬㈱富士御殿場研究所でのボイラー建設の進捗《しんちょく》状況などを見て回り、センター稼働後のＲＤＦ消費に、万全の態勢を築いていった。

一九九七年（平成九年）に入ると、ＲＤＦを運搬する専用車両の種類や、ＲＤＦの公共施設への利用拡大も協議されて、「夢の燃料・ＲＤＦ」は順風満帆の状態だった。この波に押されて導入検討当初は不安を感じていた共産党や公明党の野党議員三人も、リサイクルの甘言にはまっていった。

〈ＲＤＦ計画の責任者が突然勇退〉

そんな中、一九九七年（平成九年）二月、状況に異変が起こった。ほかでもない、ＲＤＦセンターの導入に積極的に働き、「次世代型ごみ処理施設」としてあらゆる場面で、ごみに対する発想の転換を訴え続け、完成後は第一功労者として勲章ものだった広域行政組合の芹澤事務局長が突然、定年まで二年を残して勇退を表明したのだ。

御殿場市からの出向職員として、近年稀に見る大規模施設を建造するメーカー側との細部にわたる折衝をはじめ，行政側の工事の最終的な責任者だった職員の辞職願いは、「寝耳に水」

の話だった。この辞職願いは周辺だけでなく、庁内全体を揺るがした。「なぜこの時期に早まった辞職を決意したのか」、表面には出なかったものの、しばらくはこのうわさで庁内はざわめいていた。

局長の勇退理由は、「工事は順調に進んでおり、後進に道を譲りたい」の一点張り。RDFを専従で担当し、完成後は最大の栄誉を与えられるという立場の人間の辞意に、当時の市長と助役は慌てた。再三にわたり、本人と直接話もして勇退を思いとどまるよう説得した。だが、本人の意思は固く、結局三月三十一日付の退職が認められた。RDF完成の丁度、一年前だった。

この勇退騒動から一年経過して、機器類のトラブルや生産したRDFの消費先確保のむずかしさなど、様々な困難な課題を抱える状態に直面して、苦戦を強いられている現場職員たちは、局長はすでに今日の窮状を予測して、早めの敵前逃亡を図ったのだろうと恨みを並べている。

工事はつつがなく推移して、九七年十一月には、翌年二月からの試運転についての具体的なスケジュールが、共同企業体から示された。十二月には、廃棄物循環型社会基盤施設整備計画検討委員会も組織されて、RDFの今後の利用に積極的に取り組む方針が示された。

年が明けて、九八年一月下旬と二月上旬には、御殿場市と小山町の議会へ竣工を目前にした建設工事の進捗状況が報告された。そして、日量一五〇トンと、国内最大の処理規模を誇るシステムの性能をチェックするための試運転に向かって、二月三日からごみのピット投入が始まった。ある程度、量が確保できたため、二月十七日からA系列で一日一五時間稼働して、日量最大七五トンの処理能力の実証に向け、続いてB系列でも同様の試験がスタートした。

こうして、可燃ごみを直径約二センチ、長さ五センチ前後のペレット状に固めて、燃料としてのＲＤＦを生産する、国内最大規模の施設が動き出した。これまでの順調な流れと、試運転までたどりついた施設を前に、Ｊカトレルグループの技術陣は自信満々の表情で各種機器類のチェックに入った。あとは、三月二十日の引き渡し、四月一日からの正式稼働を待つばかりとなった。

第2章　夢の施設から地獄の施設へ

〔まず新兵器がダウン〕

試運転が始まった。ごみを燃料に変えるバラ色の施設として、関係者の期待を一身に集め、システムがフル稼働し始めた。

だが、試運転開始早々の一九九八年（平成十年）二月十八日、まず、ごみの入った袋を破り、なかのごみを生ごみなどの厨芥《ちゅうかい》類と、紙やプラスチック類といった雑芥《ざつかい》類に分ける「破袋分別機（SPC）」のギアが、破損した。

この機器は旧通産省資源エネルギー庁が立ち上げたプロジェクト「スターダスト80」の一環として膨大な、一説によると一〇〇億円という開発費を使い、荏原製作所がメインとなって完成させたという。可燃ごみの初期処理機で、内部を高速回転させてごみ袋を破り、遠心分離と比重差の法則を利用して、可燃ごみを性質別に分けるというふれこみだった。

ごみの初期処理の段階では、大きな刃を持った破砕機で、袋ごと砕いてしまうのが通例だ。しかし、それだと、生ごみと紙類、プラスチック類などがゴチャゴチャとなり、固形燃料化システムにとっては、後段での処理に手間取り、不都合も生じるため、前段で分離する方が得策として、この分別機がセットされた。これまでにない発想から生まれた機器で、廃棄物学会で発表するほどメーカーも自慢の新製品だった。

図6　破袋分別装置概念図

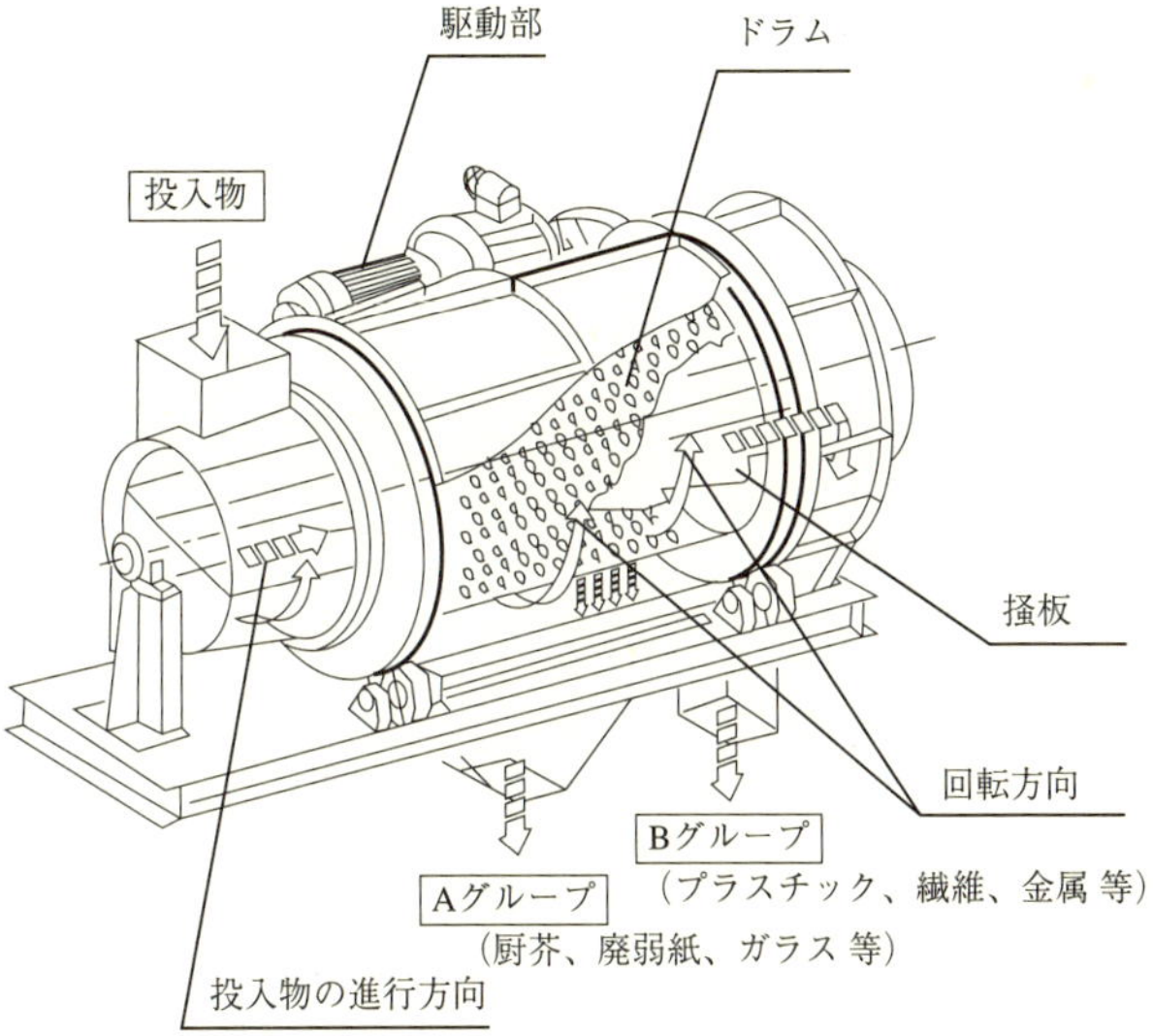

新製品は初めて、御殿場・小山RDFセンターで試された。しかし、稼働早々、想定外のトラブルを引き起こしてしまった。ごみの過負荷に耐えられず、回転シャフトが折れたり、ギアの一部が度々破損する事故で、ラインがうまく流れなくなった。また設計通り、ごみが性質別に分離されないという、新機器には致命的な状況も発生した。

これが起爆剤となって、その後、この破袋分別機以外でも次々とトラブルが発生、運転休止が続出した。細かく破砕した可燃ごみの水分を除去するため、生石灰を添加する主反応機内での発火事故や爆発事故、あるいは破砕ごみをＲＤＦに固める圧縮成形機内でのＲＤＦの炭化現象、発煙事故など、システムの稼働を長時間止めてしまうトラブルが次々と起こってきた。

爆発が頻繁に起こる大きな円筒形の主反応機は、細かくなった可燃ごみに、蒸気を送り込み、生石灰を加えて熱を発生させ、この熱で水分を蒸発、乾燥を促す仕組みとなっている。これが、Ｊカトレルグループの特許で、この化学反応を利用することにより、乾燥工程での灯油ボイラーの燃費を低く抑えることができて、施設の維持・管理費の低減をもたらすというのが、メーカーの説明だった。

だが、この多発する爆発事故は、メーカーの予測範囲を超えたものだった。生石灰が水と反応すると、炭酸ガスが発生する。主反応機内は破砕した可燃ごみと生石灰を反応させるため、一八に分けられた部屋が階層状に設けられ、鋼鉄製の羽を使って双方をかく拌させるようになっている。この羽が破砕された可燃ごみの中に混入している金属類に接触、火花を出して炭酸ガスに引火、爆発という事態を誘発していた。

幸い、主反応機の外壁は戦車並みの厚い鋼板で覆われているため、爆発は内部だけにとどまり、機器そのものを木っ端微塵にするという大事故にはつながらなかった。ただ、以後、この類の事故が頻繁に起こるようになり、生石灰投入というＪカトレルの特許は、大きな危険が伴う処理技術とされ、ＲＤＦ業界では、ごみを細かく破砕して熱風で乾燥させたのち、水分と反応して発熱しない消石灰を投与する方法が主流となっていった。

トラブルに困ったJカトレルグループ・共同企業体は、とりあえず、工期を三月二十日から三十一日まで、延長して欲しいと申し出た。十日間で応急処置を施す考えだった。しかし、事態は一向に改善されず、むしろますます、泥沼状態となっていった。稼働率も正常の一〇％、最悪五％まで落ち込む日も出てきた。

そこで、企業体は再度、九八年（平成十年）五月二十日までとする、二カ月間の工期延長を組合に願い出て了承された。ところが、五月十九日、今度は破袋分別機のモーターの主軸が折れるという致命的な事故が起こった。まさに、システムの基幹部、心臓部が壊滅してしまったのだ。

こんな状態が続いたため、大幅な処理能力の改善は見込めず、稼働率も六〇％から六五％台を推移したままだった。この間、処理しきれないごみは、企業体責任で千葉県にある民間業者の廃棄物処理施設で焼却処分してもらっていた。一方で、このままでは、事態が前進しないと判断した企業体は、ついに同年七月八日付で、文書による大改造工事を組合側に提案した。

文書では大改造工事に伴い、工期を再び、八カ月後の九九年（平成十一年）三月二十日までに延長するよう要望していた。組合側もこの提案に困惑したものの、毎日排出されるごみを処理する施設であることから、拒絶できない状況に追い詰められていた。それでも、この大改造案には、住民へ新たな、それも過度の負担を強いる条件も盛り込まれていた。

企業体は改造にかかる経費二〇億円は全額負担するが、九月から翌年二月までの工事期間中、センターへのごみの搬入は中止し、また、八月一日以降、他所に運ばなければならないごみの処理費すべてを組合側で負担してくれと依頼した。さらに、工期延長によって契約上に生ずる納期遅延損害金（ペナルティー）の免除も、求めてきた。

この厚かましい条件に、組合、とりわけ組合議会（小野武議長）は猛反発した。トラブルの原因はすべて処理システムの不具合にあるとして、「まるで脅しだ」「施設は実証プラントで、完成されたものではない。企業体同様に、プラントは信用できない代物」「企業体の言動に不信感があり、改めて考え直す必要がある」といった強硬な意見が噴出した。それでも管理者の内海御殿場市長は、「正常稼働を前提とした場合、一定の方向性を出さざるを得ない」と、ごみを人質に取られている厳しい状況を背景に、改造工事の実施を認めた。

〔急浮上したごみ質問題〕

しかし、この改造工事の原因は、まったく不思議なものだった。企業体は機器類のトラブルは、搬入される「ごみの質」が設計当時、組合から提示された「設計基準ごみ」と大幅に違うと指摘してきた。つまり、約束違反と言ってきたのだ。

ごみ質で特に問題となったのは、水分と可燃分、そしてかさ（体積）比重（単位体積重量＝一立方メートルあたりに占めるごみの重量）だった。組合では企業体への資料として、一九八八年

（昭和六十三年）から九二年（平成四年）までの五年間のデータを渡した。これは燃焼式の旧清掃センターのもので、当時、炉が古く、耐火煉瓦を傷めることから、プラスチック類、ゴム類は処理していなかった。これを承知したうえで、企業体は組合と、ＲＤＦでは固形燃料のカロリーを上げる必要があり、プラスチック類、ゴム類も受け入れはＯＫということで合意していた。

突然のごみ質問答に、組合は慌てた。まさか、組合はそんなことがトラブルの原因、改造工事の主目的になるとは予想していなかった。全国どの施設を見ても、ごみ質によってごみが順調に処理できない、ましてや機器類のトラブルの原因になっているという話を聞いたことがなかったからだ。「寝耳に水」のクレームだった。

ごみ質は、年間を通して搬入されるごみの成分を比率化したもの。水分の比率が高いことは生ごみの量が多いことを示して低質、またプラスチック、紙類が大量だと高質と呼ばれる。可燃分も同様で生ごみが多いと低質、プラスチック類が多いと高質となる。

組合が提示した設計基準ごみのごみ質を見ると、水分基準は五七％、低質で五九％、高質で五四％。また、可燃分の基準は三八％、低質で三六％、高質で四一％。かさ比重は一立方メートルあたり、基準では二九〇キログラム、低質で三一〇キログラム、高質で二七〇キログラム。

一方、企業体が分析した現状ごみは、水分五〇％、可燃分四六％、かさ比重は一立方メートルあたり一九〇キログラムだった。特に、かさ比重が少ないと、最大で一・四トンをつかみ取る大型クレーンの稼働率を悪くし、ごみホッパーへの投入回数も増えて、設定した処理能力をダウンさせているとと指摘した。

さらに、設計基準ごみと比較した現状ごみは、生ごみに含まれる水分は少ないものの、水分がほとんどないプラスチック、紙などの可燃ごみが増えた影響で、可燃分は一〇％も多いと指摘し、処理工程の第一段階にある破袋分別機（ＳＰＣ）にトラブルをもたらしているとした。

柔らかい生ごみが少なく、固いプラスチック類が大幅に増えたから、破袋分別機内での分別ができなくなったのだ。生ごみは、分別機の内部にセットされた回転ドラムに開けられた無数の穴から遠心力で分離されるはずだったが、ドラムが回転中に予測した以上の量のプラスチックと不均一に混ざり合って穴をふさいでしまった。

この不具合が、分別機内にごみの滞留を招き、さらにごみ投入口から送られてくる次のごみも加わることで、過負荷による緊急停止や回転ギアの破損を起こしていた。水分が重量の八〇％を占める生ごみが設計基準よりも低く、プラスチック類の可燃分が増えたことで、分別機の機能目的が失われてしまった。

結局、企業体はごみ質のあちこちにクレームをつけて、現実と、与えられた資料の数値が、著しく違う、これがトラブルの主たる原因と断罪した。

ここで、設計基準ごみを参考に企業体が想定したというごみ質を検証してみると、ごみ質は夏季、冬季でかなり幅があり、さらに将来、生活形態や社会環境が変化する点を考慮すると、余りにも幅が狭いことが分かる（表1参照）。水分、可燃分は数パーセント、かさ比重もプラス、マイナス二〇キログラムの幅しかない。しかし、企業体は、「私たちは設計基準ごみに収まる施設を造った」とあくまでも言い張る。この一点に的を絞り、「だから改造が必要であり、すべての責任は組合、そして予想外のごみを出す住民にある」と強く主張する。

ただ、常識的に考えれば、ごみ質をごく限られた範囲に規定して判断するのは極めて危険である。何が入ってもおかしくないというのが、ごみの定義だからだ。これを前提に、国内のメーカー各社は、どんな状況にも対応できる処理機を考案するのが、常識だ。ごみ質はあくまでも、一つの目安であり、絶対的なものではない。Ｊカトレルも、これからこのシステムを売り込むに際して、ごみ質によってトラブルが度々起こってしまう、では商売にならないだろう。

そこで、指摘されるのは、どうやら企業体の設計者が、ごみというものをまったく知らない、自分の家のごみすら出したことのない人ではないかということだ。廃棄物処理の大手メーカーである石川島播磨重工業、荏原製作所の設計者はおそらく、処理機に関するそれなりの経歴を有しているはずだが、今回の「ごみ質」問題は机上の計算だけで、あるいは理論値だけで施設を設計したとしか思われないような言い分となった。

〈ほかの施設でも同様の事故〉

津久見市での日量最大で二〇トン処理の実証プラント、三二トン処理の本プラントから一気に、一五〇トンの大規模施設を建設する過程で、設計者は電卓やコンピューターを駆使して、倍倍計算で負荷を弾き出したのだろう。しかし、そこにある落とし穴、いわゆるスケールアップ・バリアを忘れていた。スケールアップ・バリアというのは、施設の規模拡大などに伴って不可知なバリア＝障壁が発生する、つまり通常の予測値を上回る状況が発生してシステムに不具合を生じることである。スケールアップ・バリアを考えないで、規模が五倍だから、ここは五倍の負荷がかかるだろうといった机上の予測が、御殿場・小山センターでトラブルを引き起こしたといえる。

新兵器の破袋分別機（ＳＰＣ）のダウンに続いて、今度は破砕した可燃ごみの水分を除去する施設・主反応機でも爆発事故がしばしば起こり、もはや見過ごせない状態となった。さらに、倍倍計算による設計ミスと、ごみ質の見込み違いから発生した重量超過により、破砕したごみを運搬するコンベアを動かすモーターが過負荷運転を引き起こしてストップ、あるいは許容以上のごみの重量でコンベアベルトが蛇行してしまうというトラブルも発生してきた。

この当時、ＲＤＦセンターは、まったく手がつけられない施設に変貌した。さらに、処理しきれないごみがピット内から異臭を発生させた。あるいは処理途中の薬剤添加によって二次発酵した異様な匂いは、すぐ近くの民家だけでなく、五〇〇メートルほど南側にある東名高速道路・足柄サービスエリアまで広がり、大騒ぎとなった。利用者でごった返すゴールデンウィークに入ると、利用客から異臭への苦情が殺到してセンターは、日本道路公団から大目玉を食ら

表1　共同企業体が問題にしたごみ質と改造工事

	設計基準ごみ			現状ごみ
	低質	基準	高質	
水分(%)	59	57	54	50
可燃物(%)	36	38	41	46
灰分(%)	5	5	5	4
嵩比重(t/m ^{3})	0.31	0.29	0.27	0.19

設計基準ごみ：平成16年を想定して弊企業体に与えられたごみ質
現状ごみ　　：平成10年5月13日～18日測定の平均値

1) 今回の能力増強により本設備では現状ごみでも日量150トン処理出来る能力を備えることとなりますが、これは設計基準ごみに引き直すと理論日量202.5トンの処理能力に相当致します。

2) 今回の改造においては現状ごみ質がさらに次の範囲で変動した場合にも日量150トンの処理が可能となる様、設計に余裕を持たせております

	低質	基準	高質
水分(%)	59	50	41
可燃物(%)	38	46	54
灰分(%)	3	4	5
嵩比重(t/m ^{3})	0.22	0.19	0.16

尚　契約書で規定されている設計基準ごみでも、日量150トンを処理できます。 但し、運転マニュアルの変更が必要となります。

った。

ごみ質問題は後日談がある。御殿場・小山とRDF施設をほぼ同時発注していた群馬県の水上町、月夜野町、新治村で組織する水上・月夜野・新治衛生施設組合の奥利根アメニティーパークでも、同様のトラブルに悩まされていた。処理規模は一日一六時間稼働で、最大四〇トンの能力だった。

奥利根アメニティーパークは、共同企業体の一社、石川島播磨重工業が約二二億円の特命随意契約で受注した。しかし、御殿場・小山と同時期の九八年（平成十年）二月に試運転に入ったところ、トラブルが続出した。火災、異臭、爆発のほか、排水によって魚が浮き上がるという河川汚染など、次々と問題を起こした。

竣工直前の同年三月二十七日のRDF乾燥機が原因の火災は、施設にとって致命的で、復旧までに数カ月を要するほど大規模だった。強引に落成式を挙行したが、建物は青いビニールシートで覆われ、施設内の見学もできなかった。

奥利根のケースでも、最大の原因はごみ質だった。特に、水上温泉街から排出される水分七〇%近くの宴会ごみに、処理システムが対応できなかったという。とりわけ、油分を多く含んだ生ごみ主流の宴会ごみは、初期処理の段階で雑芥類であるプラスチックや紙などの分別を著しく困難として、処理不能状態にしてしまった。御殿場・小山と同様のケースだ。奥利根ではこうした事態に怒った住民が、メーカーの石川島播磨重工業に建設費の返却を求める訴えを九九年六月に起こした。また、提訴前の同年一月には御殿場・小山RDFセンターを視察したのち、宿泊先のホテルで宴会を開いた当時の議員たちに対して、公金の不正支出を理由に視察費返還を要求する住民監査請求を出した。

住民の強い怒りに窮した衛生施設組合側は、ついにほかのRDFメーカーに施設の検証を依頼し、システムの欠点を指摘してもらった。これを根拠に石川島播磨重工業と折衝して、同社にも応分の負担を持ってもらうことで決着、事態はやや鎮静化した。それでも、維持・管理費だけで年間六億円を超す莫大な経費にあえいでいるのが実態だ。

この二つのケースから、石川島播磨重工業は大きな教訓を得た。同社が単独で受注した山梨県富沢町、南部町の甲南環境衛生組合のRDF施設は、日量最大で一〇トンの処理能力を持つ小規模なシステムだ。ここで同社は、御殿場・小山と群馬県の施設で悩まされたごみの水分基準を大幅に見直して、「水分約七〇％の低質ごみにも対応できるよう設計した」と、あるセミナーの席上で、設計者が苦しい説明をしている。

ただ、これはごく小規模の施設だから対応できるのであって、御殿場・小山のような大規模施設となると、そう簡単にはいかないだろうという指摘も同業者から出ている。

第3章　ごみ処理行脚

〔ごみの引き取り先に苦慮〕

御殿場市小山町広域行政組合では、Jカトレルグループ・共同企業体が提案した大改造工事を承諾したものの、一方で毎日出てくるごみを半年間、どこで処理をするのかという問題が、極めて深刻となった。

わが国では、「廃棄物の処理及び清掃に関する法律」に基づき、生産活動に伴う産業廃棄物については、事業所責任、家庭系の一般廃棄物については当該する自治体が責任を持って管内処理することが、大前提となっている。

つまり、勝手にごみをよその地域に移動させて処理してはいけないというルールだ。したがって、御殿場市と小山町から一日平均一二〇トン出てくる一般廃棄物を、改造工事の最中、どこで処分してもらうかが、大きな悩みとなった。清掃車に一・二〜一・三トンしか積載できない、およそ一〇〇台分のごみ、この行方は最大の行政課題だった。一九九八年（平成十年）八月から半年、住民が出すこの膨大なごみを、「どうぞいいですよ、持っていらっしゃい」と言って引き受けてくれる自治体を見つけ出すのは、至難の技だった。

そこで、御殿場市長をはじめ、助役、関係する幹部担当者は近隣の自治体、あるいは産業廃棄物処理業者など、心当たりのある施設をつぶさに回って平身低頭、処理をお願いした。

静岡県廃棄物対策室にも出向いて、処理先の斡旋を依頼した。県のご威光にすがったわけだが、この時、厭味《いやみ》を言われた。廃棄物対策室では、御殿場・小山ＲＤＦセンターが国内で最大規模のＲＤＦ施設だったため、以前から視察や情報収集についての協力を求めていた。ところが、組合側はその都度、まだ、工事が完成していない、多忙で十分な説明ができないなどの理由をつけて、断っていた。これには県の担当者も気分を害していたという。そこへもってきて、処分先の斡旋である。県の担当者からは、「困った時にしか、県に来ないのか」と言われたという。

こうしたこともあって、処理先探しは困難をきわめた。余所《よそ》の自治体のごみを処理するなどということは、処理施設が設置されている住民の感情からすれば論外のことだからだ。一カ月近く、御殿場市の助役や幹部職員がほぼ毎日のように、休日を返上してまで、ごみ処理行脚を東に西にと続けたものの、全量処分の見通しは暗かった。一方、小山町の対応は冷やかだった。原因は、ＲＤＦ導入が御殿場市の主導によって行なわれたという不満があったからだった。

しかし、ようやくにして窮状、惨状を見かねて助け船を出してくれる自治体、あるいは産業廃棄物処理業者が見つかり、何とかごみ処理のメドだけはついた。

それでも、物がごみだけに、処理先は富士市や神奈川県の足柄西部清掃組合など近隣の自治体施設のほか、運搬に時間を要する千葉県の成田市、銚子市、栃木県の鹿沼市といった遠方の産業廃棄物処理施設を含めて、六カ所に分散しなければならなかった。結果として、期間中のごみ約六三〇〇トンの処理費は、企業体が大部分を負担したとはいえ、九億七四〇〇万円にのぼった。

ごみの処理先に決着を見たところで、企業体は突貫態勢を取り、大改造工事にかかった。生ごみと、それ以外のプラスチック類、紙類などを設計通りに分別できず、緊急停止や機内の回転軸、ギアが折れてしまうトラブルを起こしていた破袋分別機は撤去し、入ってきたごみを確実に裁断してくれる粗破砕機を設置した。内部爆発を頻繁に起こしていた主反応機も、大幅な改良となった。爆発は水分と生石灰が反応する際に発する一酸化炭素が、ごみの中に混じっていた金属片と、反応機の内部にセットされたごみかくはん用の金属製の羽根と接触、摩擦熱や火花を出すのが原因だった。

そこで、主反応機は、ごみの滞留時間を長く取り、双方の反応をゆっくりと穏やかにさせて一酸化炭素の急激で過剰な発生を抑制するため、大幅に増設された。また、かくはん用の羽根も中心軸から双翼だったのを、ごみの金属片との接触を緩和させるため、片翼に変更された。

この主反応機の増設に伴い、ごみの保湿効果を安定させる目的で反応室に送る蒸気の量も不足となり、蒸気発生ボイラーも追加で設置された。そのため、灯油貯蔵タンクも既存の一万リットルのほか、新規に二万リットルのものを増設、計三万リットルにした。

またごみの重さに耐えられずに蛇行運転を繰り返していたベルトコンベアは鋼鉄製の箱型のコンベアに改良し、さらに各処理機器類の排出口付近で起こっていたごみの目詰まりを解消す

図７　ピットへ戻りを示すフローシート

貯留フィーダが満杯の時（ごみ投入量と主反応機等の通過量のバランスが崩れた場合）

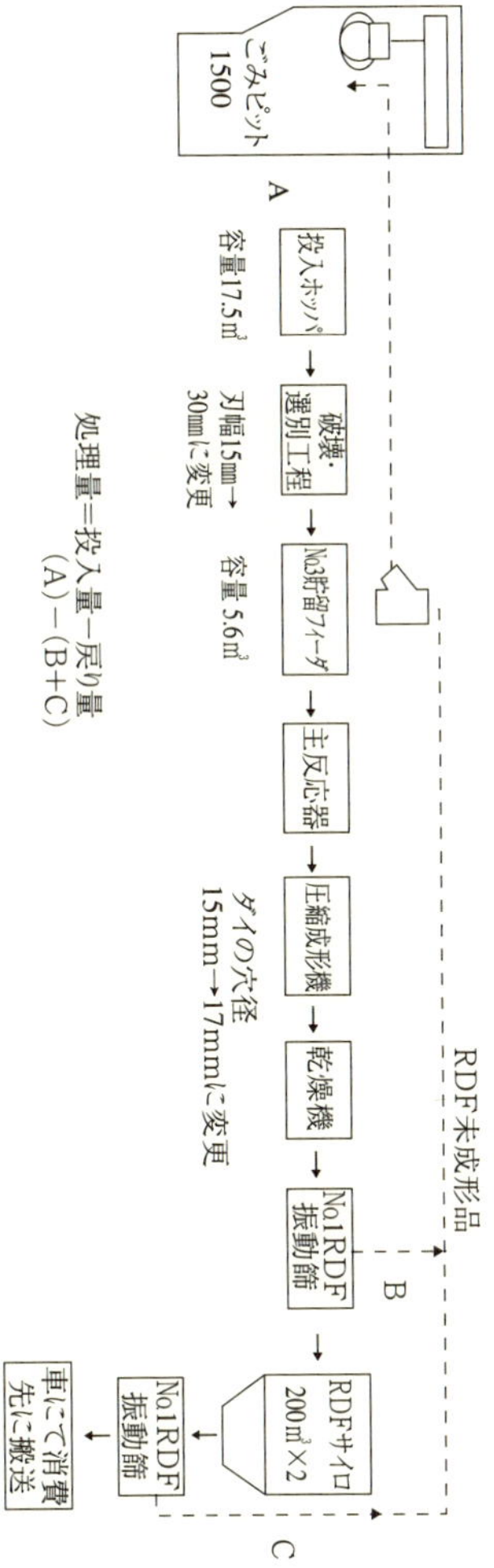

る目的で、急角度の部分をゆるいカーブ状に変更するなどの措置を取った。こうした大掛かりな外科手術のほか、小さな不具合も調整された。

さらに、処理過程で粉状となったＲＤＦが場内に浮遊して、職場環境を著しく悪化させ、職員が重装備の防じんマスクをつけなければならない状況を改善する対策も、同時に取られた。ともかく、現場で働く職員から、「何が入っているか分からないごみの粉を直接吸い込むのでは、健康に著しい不安を感じる」という声が頻繁に出ていた。粉じん問題は深刻で、センターを周回するアスファルト道路上でも、白く波紋をつくるまでになっていた。

このセンター内を浮遊する粉じんは、固まらず、未成形となったＲＤＦが最終工程で回収されて、再びごみピット上部に開けられた排出口から、ピット内に逆流することが、主原因だった（図7を参照）。ＲＤＦの五％は未成形となることから、その量は一日平均六トンとかなりの量である。戻りの未成形ＲＤＦが排出口から吹き出し始めると、稼働時間中は、ピット内だけでなく、投入場のプラットホームまで、霧状に霞んでしまうという状況が、頻繁に発生していた。事実、この状態の中、現場に五分ほど立ち会ってみると、黒いジャンパーがみるみる白っぽい粉で変色していった。

現場職員によると、防護服を着ているが一日勤務すると髪の毛から首筋、背中、足元までザラザラになるという。労務管理からも、この改善が早急に求められていた。

確かに大改造工事を終了した一九九九年三月末の正式稼働後、一年も経過しないうちにセン

RDF施設から出るダストで大気汚染が激しい

ター内の梁や筋交いといったホコリがたまりやすい箇所には、高さ一〇センチほどの灰色がかったRDFの粉じんとみられる堆積物が見られた。未成形RDFがフィードバックしてくるごみピットの上部、見学通路に設置された窓ガラスの内側の桟《さん》では、これが一五、六センチほども積もって、異常な環境を物語っていた。

粉じん騒動は、RDFを燃料として利用してもらっている御殿場市内の施設からも、苦情が出ている。RDFを積み下ろしたり、ボイラーに投入する際、粉じんが舞って仕方ないという。環境の国際規格「ISO14001」を取得している製薬会社の研究所が六億円余を投じて新設したRDF対応のボイラー施設は、環境汚染を恐れてこの粉じん対策にさらに経費の上乗せを強いられた。また、灯油の助燃料として日量二トン程度利用している温泉健康センターも、成形がもろすぎて、すぐ砕けてしまうとクレームをつけ、センターにRDFの改良を申し入れた。

改造工事は突貫に次ぐ突貫、昼夜を分かたずの大規模なものとなった。現場には、企業体の業者が常時二〇〇人態勢で配置されて、既設の機器類の撤去、新たな機器類の設置に右往左往した。大型機器の取り外し、新規設置、これに伴う部品類の交換など、現場は常にバタバタしていた。限られた工期内に終了させるため、撤去部品もその都度処分場に運搬せず、センター西側に隣接する、将来の増設を見込んで確保した広い空き地に放置したままとなった。このため、たちまち、空き地は鉄の巨大な廃棄物置き場となってしまった。

改造工事の時に撤去された部品（廃棄用）

改造は各種コンベアでも行なわれた。いずれも補強工事だった。この結果、改造部分は五〇カ所にのぼり、企業体が主張する、「既に完成されたシステム」と言うには、遠く及ばないような状態だった。

もっとも、改造工事は処理能力の確保と、トラブルの防止のみに極力重点が置かれたため、のちに大変な問題が新たに生ずることになった。しかし、この段階ではメーカーの企業体ですら、これを予測することはできなかった。

〈大改造工事が終わるや火災事故〉

九九年（平成十一年）一月末、ようやく改造工事の主な部分が終了して、企業体は一年ぶりに試運転を始めた。重大なトラブルも発生せず、ごみ処理は一見順調に運んでいるかに見えた。これを受けて、組合当局も、議会に対して工事の進捗状況、改造工事による試験結果、さらにはＲＤＦセンターの現場視察まで設定した。

二月末からは予備性能試験、続いて性能試験へと移り、三月上旬、、この成果が組合議会などに報告され、記者会見も開かれてシステムの完成が報告された。発注した組合、予算を承認した議会も、とりあえず、「やれやれ」といった雰囲気が濃厚に漂っていた。そして、三月二十七日、センターで正式な開所式が内海御殿場市長、長田小山町長、地元関係者ら多数が出席

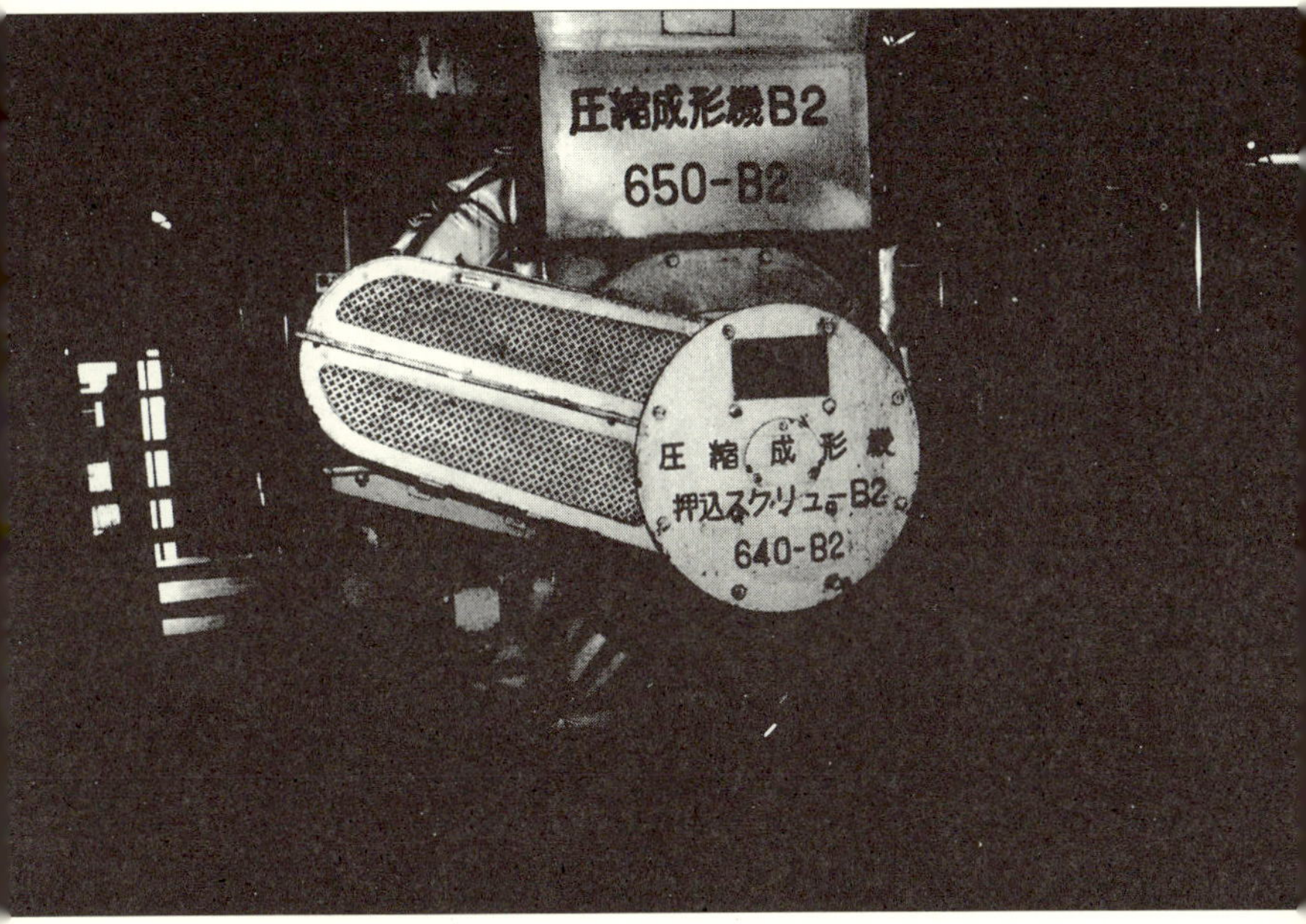

圧縮成形機の全景

して、にぎにぎしく行なわれた。企業体からも、グループ筆頭の三菱商事から常務取締役が参列した。

式典の中で、管理者の御殿場市長はこれまでのトラブルの経過に言及して、「苦戦しながらも、ようやく処理能力の確保と安定的な運転が保証できる状態となった」と安堵《あんど》の声をもらした。しかし、三菱商事の常務は、「組合には大変ご迷惑をおかけしました」だけにとどまり、住民への謝罪はなかった。それでもこの、住民軽視とも受け取れる中途半端な挨拶に対して、組合も議会も、企業体に対してひと言の抗議すら発しなかった。

その後、残った細部の改善工事が行なわれて、予定された一応の処置が終わった。五月二十四日には、改造工事の報告書と今後の事項に係わる提案書に関する合意書を、組合と企業体が締結して、同月二十七日には改造工事を保証する確約書が企業体から提出された。

この報告で企業体側は改造費について、当初の積算額二〇億円を大幅に上回り、総額四四億九二〇〇万円に及んだが、全額われわれが負担しますと、大見得を切った。さらに、搬入できなかったごみの処理費九億七四〇〇万円も当方で負担すると、サービスぶりを見せて、太っ腹なところを強調した。

しかし、この種の工事を経験したことのある専門家に尋ねると、四四億円は根拠がないと指摘する。そもそも改造工事は機器類の不具合を除去するためのもので、この機器類の正味値段だけを見れば一〇億円程度ではないか、と専門家は試算する。つまり、企業体は不具合をもたらした瑕疵《かし》による部分の改善以外、ありとあらゆる項目、本来、改造とは直接的な関係が疑わしいと見られる諸経費も計上して、提示したのではないか、とその積算根拠を疑うのだ。

ともあれ、この報告書に納得した組合側は、センター建設費の残金三三億六一万円を九九年度出納閉鎖期限（当該年度内に終了した事業に対する支払い期限）となる五月三十一日午後、企業体の口座に振り込んだ。

ところが、同夜、予想だにしなかった大事故が起こってしまった。午後十時五十分ごろ、御殿場市小山町消防本部に警備会社を通じて、センターの火災通報が飛び込んだ。ＲＤＦ施設の火災だけに、本部も緊急出動の態勢をとり、通常の消防車のほか、化学消防車まで派遣した。

火災はセンターを全焼させるほどの大事には至らなかった。しかし、火元となったＲＤＦ乾燥機と周辺の機器類は焼け焦げて全滅、大量の水や消火液を浴びて見るも無残な有り様となってしまった。消火にあたった消防職員の話によると、駆けつけた当初、乾燥機の胴体部分が過熱して真っ赤になった状態を確認、尋常の事態でないことを実感したという。

火災発生は、以前から度々不調だったＢ系列で起こった。火元の乾燥機は、手前の圧縮成形機で固形燃料の形となったＲＤＦに、約八〇度の熱風を吹きつけて水分過多のＲＤＦを乾燥させる設備である。

圧縮成形機は、主反応機で可燃ごみと生石灰を混ぜて、ある程度水分を除去したものが送りこまれてくる場所。ここでは、直径一五ミリ程度の多数の孔（ホール）が開けられた円筒状のクロム合金製のダイと呼ばれる内側に、生石灰と反応を済ませたごみが圧力をかけられて注入される。するとダイの内部にセットされたすりこぎの役目を果たす二個のロールによって、ごみはゴリゴリとやられて、高速回転から生じる遠心力の原理で孔から固くなったごみ（ＲＤＦ）が外に飛び出して、コンベアで次の工程の乾燥機に運ばれる。

この圧縮成形機での巨大な圧力と高速回転が原因で、以前からＲＤＦの炭化現象、あるいは軽い発煙が確認されていた。火災事故当日も昼間、ちょっとした発煙があり、作業員が急いで圧縮成形機と乾燥機への搬出コンベアをとめて、中にあったＲＤＦをかき出して発煙を治めていた。しばらくして、作業員は危険がないことを確認し、再びＲＤＦを乾燥機に戻していた。現場検証の報告では、火災原因はどうやら、この時、ＲＤＦの一部におき火の状態となっていたものがあり、これが数時間後に発火したとのことであった。

この火災に一番慌てたのは、組合管理者の御殿場市長。翌朝、青ざめた顔をしてセンターに駆けつけた。表情もひきつり、容易ならざる事態に追い込まれた自分を感じている様子だった。ともかくも、大改造工事は無事終了、今後大きなトラブルは一切ありませんと確約書を添付し、センターは完璧と太鼓判を企業体から押されて、虎の子の公金三三億円を払った当日の深夜、大災害につながりかねない火災事故を引き起こしたという不祥事は、信じたくないのが本音だっただろう。センターが東名高速道路に近接するだけに、大火災に発展すれば、東名の通行止めも考えられ、事故の持つ意味の重大さを関係者はつくづくと味わった。

火災発生により、消防本部や警察の現場検証でまた、しばらく稼働はストップした。一段落したところで、管理者・内海市長からの強硬な申し入れもあり、企業体は安全対策に必死に取り組んだ。火災が発生しやすい処理機器類の細部に至るまで、無数の温度センサーや一酸化炭素検知器を設置して再発防止に努めた。また、事故原因や安全対策を精密な設計図とともに、組合や議会に報告して、了解を取り付けるべく働いた。

ところが、再発防止の無数のセンサー類設置の影響により、主反応機、圧縮成形機、乾燥機周辺は腫れ物にさわるほど、繊細な状態となった。ちょっとした温度変化や、安全範囲内での一酸化炭素の発生でも反応することがしばしば起こり、システムは突然の緊急停止を繰り返すという、漫画的な状態を繰り返すようになってしまった。

〔センターで使えないＲＤＦ〕

一応の安全対策も終わり、九九年六月、ＲＤＦ処理システムは三度目の正式稼働を始めたかに見えた。しかし、思いがけない伏兵が待っていた。センターで製造したＲＤＦは、当初計画では一部をセンターの専用ボイラーで燃焼して、次々と生産されてくるＲＤＦの乾燥用に使う熱風をつくり出すことになっていた。だが、これがダメになったのだ。

理由は、ＲＤＦを専用で燃焼させるため、主反応機用の蒸気発生ボイラーとは別に設置したバイオバーナが使えなくなったからだ。バイオバーナというのは、ストーカ炉の小規模なもので、非連続型のため、バッチ炉とも呼ばれる。スイスのメーカーはごみを燃料とすることから、環境に配慮した機種として売り込むため、バイオといううまぎらわしい名称をつけたとされている。

このバーナについては、設置以前から、疑惑があった。というのも、企業体は設計当初で、過去の実績が豊富で技術評価も確かなストーカ方式による自社系列のRDF乾燥用ボイラーを提案していた。しかし、途中で、組合側の強い要請によって急遽、企業体傘下にない東芝機械㈱が斡旋したスイス製の燃焼施設を導入することになった。

後日分かったことだが、バイオバーナの導入に際して、斡旋した東芝機械㈱の事業所が御殿場市内にあり、RDFセンターにこのバーナを設置してくれれば、同事業所で使っている同機種のバーナの燃料としてRDFを引き取ってもよいという条件があった。この取引には、芹澤組合事務局長が深く関与していた。

この一件は、芹澤事務局長が勇退した八カ月後の一九九八年十一月、共同企業体運営委員長を務める三菱商事の幹部の口から明らかにされた。ドイツに転勤することが決まったこの幹部は、組合議会の小野武議長や池谷良郎副議長らにあいさつに訪れ、御殿場市役所内にある議長応接室で歓談した。

この時幹部は、バイオバーナが使えない点を早くに説明しておけば良かった、バイオバーナの採用は芹澤局長から強い指示があり、また、これを口止めされていた、と内情を初めて暴露した。この密約がのちに大きなリスクとして、センターの維持・管理費に跳ね返ったのだった。

バイオバーナが使えない理由を企業体は、センターのシステム全体の一五時間稼働からすると、毎日炉内を温める立ち上げ、炉内の火を落として冷却させる立ち下げの手間のかかる作業を余儀なくされ、かつ、この作業中、国が定めるダイオキシン類の排出基準値を上回ってしまうためと説明した。

また、企業体は八〇〇度を超すバーナ炉内の熱風を、RDF乾燥用に必要な熱風温度八、九〇度まで落とすには、熱交換器が不可欠だが、一〇分の一以下という極端な温度下降は、現状のバーナの機能からすると、無理があるとの見解を示したのだ。

これで、バイオバーナの使用は断念された。当初の目的、生産されたRDFを利用して、新たなRDFを生産するという、組合と議会が最も強く望んでいた、このシステムの基本コンセプトが、ものの見事に崩壊した瞬間だった。結果的には、バーナ設備費一億二〇〇〇万円と、熱利用するための配管工事費数億円がすべて無駄金となってしまった。

一方で、ゾッとするほどの恐怖が訪れた。処理機能の確保だけを目的とした改造工事の隠れていたツケがダイレクトに、センターの維持・管理費に跳ね返ってきたのである。機器類を増設し、複雑化したために、予想外の経費が必要となってしまった。

まず、粗破砕機の設置、コンベアの牽引力強化などによる動力源アップのための電力量の増加だった。設計段階では、契約電力は九九〇キロワットだった。それが、トラブル発生で一六五〇キロワットに変更、さらに、改造の結果、一九九〇キロワット、二〇〇〇キロワットの特別高圧契約直前までに跳ね上がってしまった。

　また、企業体は爆発事故を恐れて、主反応機を増設、従来の一系列一八基だったものを一二基追加し、計三〇基とした。ただ、改造工事はトラブル対策だけを主眼に置いた措置で、運転経費面は軽んじられていた。灯油備蓄タンクも二万リットルを追加、計三万リットルにしたのも、主反応機に送る蒸気発生の燃料が足らないうえに、、ＲＤＦ乾燥にも回すという二点だけが理由だった。そのため、タンクの灯油はごみが極端に多く搬入されると、二、三日で空になるため、大型タンクローリーも頻繁に訪れるようになった。

　こうした一連の措置を経過して、この可燃ごみを固形燃料としてリサイクルする施設は、限られた資源の灯油を、あるいは電気を湯水のように使用するという、リサイクルどころか、地球温暖化の元凶とも指摘される、化け物に変貌してしまった。

第4章　高騰し続ける維持・管理費

〔高額な灯油代〕

企業体が予想だにしなかった「ごみ質変動」のみに集中的に対応した大改造工事を終え、リニューアルしたRDFセンターは、一九九九年度(平成十一年度)下半期から二〇〇〇年度(平成十二年度)に入ると、おぞましい様相を見せるようになった。ともかく、センターを維持・管理する経費が当初の予測値をはるかに上回る、財政破綻を起こしかねない金額にのし上がってしまったのだ。

年度初めに当初予算を計上しても、次から次へと追加事項が舞い込んできて、度々補正して対処しなければならなくなった。それも、一億円、一億六〇〇〇万円と小さな自治体では普通ありえない多額な補正額を計上するまでになってしまった。RDFセンターの予算総額は、稼働を目前にした九八年度(平成十年度)当初こそ、六億六〇〇〇万円にとどまっていた。それが、九九年度当初は七億六五〇〇万円余に膨張した。たった一年で一億円の超過となってしまった。

大改造工事が済んで、定常的な運転が見込まれた二〇〇〇年度(平成十二年度)では、事態はさらに悪化してついに一〇億円の大台を突破して、一一億一一〇〇万円まで増大した。そして、二〇〇一年度(平成十三年度)は一三億四〇〇〇万円を、この年の十二月補正では一五億

表２　ごみ処理量・維持管理費関係比較表

	1997（平９）年度・燃焼方式 ごみ量 20,600 トン		2002（平 14）年度・ＲＤＦ方式 ごみ量 29,460 トン	
項目	年間（千円）	１トン当（円）	年間（千円）	１トン当（円）
灯油	3,248	158	73,661	2,500
電気料	19,173	931	110,627	3,755
添加・脱臭剤等	379	18	77,400	2,193
維持管理補修費	21,281	1,033	967,927	32,380
合計	44,081	2,140	1,229,615	40,828

※ＲＤＦ方式の維持管理費はＲＤＦの運搬処理費を含む

表３　御殿場市・小山町の塵芥処理費の推移

（単位千円）

1997 年度（焼却方式）予算	453,336	対前年度比	50,998 の増
1998 平成 10 年度（ＲＤＦ方式）予算	660,307	対前年度比	221,111 の増
1999 年度当初（ＲＤＦ方式）同	765,537	対前年度比	105,230 の増
1999 年度１号補正（ＲＤＦ方式）同	884,608	補正額	119,071 の増
1999 年度２号補正（ＲＤＦ方式）同	965,022	補正額	80,414 の増
1999 年度３号補正（ＲＤＦ方式）同	1,055,386	補正額	90,364 の増
2000 年度当初（ＲＤＦ方式）同	1,111,485	対前年度比	56,099 の増
2000 年度決算（ＲＤＦ方式）同	1,200,650	補正額	89,165 の増
2001 年度当初（ＲＤＦ方式）同	1,339,806	対前年度比	139,156 の増
2001 年度１号補正（ＲＤＦ方式）同	1,499,490	補正額	159,684 の増
2001 年度２号補正（ＲＤＦ方式）同	1,529,490	補正額	30,000 の増
2002 年度当初（ＲＤＦ方式）同	1,618,411	対前年度比	278,605 の増
2002 年度４号補正（ＲＤＦ方式）同	1,535,006	補正額	79,740 の減
2003 年度当初（ＲＤＦ方式）同	1,454,238	対前年度比	164,173 の減

円を食いつぶすというシステムとなった。

結局、二〇〇二年度（平成十四年度）当初では一六億二〇〇〇万円という金額にまで暴騰し、実に九八年度の二・五倍の経費となってしまった。一六億二〇〇〇万円の負担割合は、人口比で御殿場市が八〇％の約一三億円、これは一般会計の五％を占めた。小山町は残り二〇％の約三億円で、こちらも一般会計の四％を占め、いずれも重い負担となった。最大でも五億円、双方の一般会計の一・二五％程度の出費だった焼却方式と比べて、RDFは両市町の財政運営に決定的なダメージを与えた。こうして、両市町は、何も生み出さない、何も残さないごみ処理を政策の最優先にして、社会資本の整備を縮小させなければならないという異常事態に陥ってしまった。

それぞれの行政当局は、ごみ処理経費の増額分を確保するため、道路整備の区間の短縮、下水道の管きょ工事の規模短縮などを強いられることになった。特に、広域行政の負担割合が人口比によって八〇％と多額になっている御殿場市では、財政担当者は各部課との予算編成に伴うヒアリングで、胃が痛くなる思いをしなければならなかった。まさに、細かい事業まで、見直しを要請し、また一〇万円、数万円単位までの減額修正を要求するという、かつて経験したことのない異様な事態が持ち上がっていた。

維持・管理費の内訳を見ると、その目茶苦茶な増額ぶりに驚かされる。まず、ごみの臭気対策に使用されるカ性ソーダや硫酸といった薬剤類と、主反応機に投入する生石灰の添加剤関係

ＲＤＦ用灯油の搬入

が九八年度は五二〇〇万円だったが、二〇〇〇年度は六九〇〇万円、二〇〇一年度は七七〇〇万円まで伸びた。九九年度は約四〇〇〇万円にとどまっているが、これは改造工事を実施中で、これらがほとんど使用されなかったことによる。

灯油代はさらに、悲惨な結果となった。九八年度は四〇〇〇万円であったが、二〇〇〇年度の予算査定では、トンあたり平均七五リットルの灯油使用量、灯油代一リットル三一・五円で試算、年間二万八四〇〇トンのごみに対して、二万キロリットル、ドラム缶換算で一万本を見込み、六三〇〇万円程度と見込んだが実際は七三〇〇万円となり、二〇〇一年度には九五〇〇万円を計上した。

ともかく、可燃ごみを一トン処理するのに、七〇から八〇リットルの灯油使用量という現実は、施設を管理・運営する広域行政組合を驚かせた。

灯油代のアップの背景には、ごみが毎年増え続け、週平均六五〇トン程度が搬入され、使用する灯油も増加する一方となったからである。

また原油価格の値上がりもある。灯油は九九年（平成十一年）九月までは、一リットル二九円で納入されていたものが、二〇〇〇年（平成十二年）十一月には三八円まで跳ね上がった。

灯油価格はここ一年間は、一リットル三六円で仕切られている。しかし、中東産油国の情勢の如何によっては、また跳ね上がる可能性もあり、施設は運営上、常に不安定な状態に置かれている。

表４　RDF センターの年度別の主な維持管理費の推移

（単位：千円＝いずれも当初）

	1998 年度	1999 年度	2000 年度	2001 年度	2002 年度	2003 年度
薬剤等消耗品	52,610	39,792	69,005	77,408	292,759	303,920
灯　油　代	40,823	49,860	73,608	95,124	86,661	72,099
電　気　代	58,436	68,067	117,684	119,598	117,627	104,622
修　理　代	3,296	17,607	20,254	47,053	71,728	121,909
点検等委託料	115,512	110,329	194,217	267,250	242,400	297,881
原　材　料費	1,133	77,470	179,107	223,703	200	200
処理・保管費	82,540	137,191	174,137	222,710	468,000	265,614
人　件　費	191,128	195,000	197,446	199,782	201,586	178,740
当初予算総額	660,307	765,537	1,111,485	1,339,806	1,618,411	1,454,238

※ 2002 年度以降の原材料費の削減は、部品代を消耗品に移行させたことによる

年間ごみ量	25,000	26,560	28,400	30,290	29,460	29,800

2003 年度は推計（単位 t）

〔電気代も年毎に増額〕

電気代も凄まじい金額で膨張した。一九九八年度（平成十年度）は五八〇〇万円を予定したが、翌年度は六八〇〇万円に増えた。それからは二〇〇〇年度（平成十二年度）に一億一七〇〇万円、二〇〇一年度（平成十三年度）はとうとう一億二〇〇〇万円に近づくという金額となり、この状態は二〇〇二年度（平成十四年度）も同じで、増加の一途をたどっている。

電気代の高騰の要因は、改造工事による処理関係機器類のパワーアップだ。因《ちな》みに、計画段階の九二年（平成四年）七月では、一般家庭の電気料の基本料金を示す、アンペア契約に相当する施設供給の

契約電力を、八四五キロワットに設定、ごみ一トンあたり基本料金は三六五円とした。また、使用量に応じて加算請求される消費電力料金はトンあたり一七一六円を見込み、年間三〇〇日間稼働しても九〇〇〇万円程度の額になると企業体は予測していた。

元々、ＲＤＦシステムはごみを燃やさず、固めるため、巨大な動力源が必要となっている。ごみをピットからクレーンで吊り上げ、ホッパーに放り込んでからＲＤＦとなって乾燥機に至るまでの所要時間は、三時間。この間、ごみは砕かれ、潰され、薬剤を加えられ、圧力をかけられと、様々な工程を経て、一階から五階までを行ったり来たりしている。それを維持するため、施設全体に大型モーターが配置され、動力源の固まりとなっていた。

しかし、ごみを円滑に処理することを大前提にした大改造工事によって、モーターなどの動力源の能力は著しくアップさせられた。この負荷に耐えられるよう、契約電力も段々と容量が増えた。改造工事では一八五〇キロワットを提案、トンあたり当初計画の倍の金額となった。また、消費電力もトンあたり、二一六五円に跳ね上がった。

さらに、九九年九月の能力確認予備試験の段階では、システムの緊急停止を恐れて、契約電力は一九九五キロワット、特別高圧となる二〇〇〇キロワット直前まで迫った。この結果、ごみ一トンあたり、契約・消費を含めて二七五三円という重い負担となり、年間一億円を超す予算を強いられることになった。

また、当初、センターを施工した企業体も公共工事という体裁をはばかって、少なめに請求していた修理代も、大改造工事の投資を回収する思惑も働き、年を追うごとに加算されていった。九八年度は三〇〇万円余に甘んじていたものが、二〇〇〇年度には二〇〇〇万円に、二〇〇一年度は四七〇〇万円という金額までのし上がってしまった。当初の一〇倍を超す経費の負担は、行政の予算編成の常識の枠を破り、もはや手の打ちようがない事態となった。毎日排出され、すぐに処理しなければならないというごみ事情を見透かされて、企業体の要求通りの経費が組み立てられているのが現状だ。

〔点検・部品代も大幅アップ〕

最悪の案件も飛び出した。企業体による点検等委託料である。九八年度（平成十年度）は一億一五〇〇万円を予定した。特殊な設備や機器類の設置に伴い、組合側も専門家を抱えていないため、点検委託は致し方ない経費としていた。これも企業体の過剰投資の回収ターゲットとなった。火災事故を受けて、システムに再発防止装置を多く設置した点も加わり、設備全体は当初の設計と比べて、はるかに複雑になった。

ここに目をつけた企業体は、諸経費を含めた点検委託料の大幅増額を考えたのである。大改造が終了した後の二〇〇〇年度（平成十二年度）には、一億九四〇〇万円を要求、翌年度は一段と上乗せして二億六七〇〇万円を吹っ掛けてきた。システムの詳細が、自治体側に分からないだけに、経費は企業体の言い値となっているのが実態だ。

粗破砕機、一次、二次破砕機の刃、圧縮成形機のダイ・ロール（細かくなったごみをクレヨン状にするための部品）といった機器類の部品代も、予測を超す金額に跳ね上がった。九八年度は一〇〇万円で納まったものが、九九年度は一気に七七〇〇万円に、二〇〇〇年度は一億七九〇〇万円、二〇〇一年度は二億二三〇〇万円を企業体から要求されるという結果を招いてしまった。

この部品交換費も当初、組合側はこれほどかかると思っていなかった。まず、粗破砕機の刃だが、粗破砕機は改造工事で新規に取りつけられたため、交換や修理にかかる経費は、厳密に査定されていなかった。当時はともかく、システムが円滑に動く、処理能力が達成できる、この二点に焦点があてられたことから、共同企業体も部品交換費について深く言及せず、また、システムの細部にうとい組合側もこの点を失念していたと告白する。

粗破砕機はA、Bの二系列で各一基ずつセットされ、刃数は一基一二〇枚、二基で二四〇枚。袋に入った家庭ごみのほか、せん定された枝、発泡スチロールの箱、ビニールシートなど各種のごみが原形のまま入ってくるため、刃数は後段の一次、二次破砕機と比べて多く、刃の厚みも一〇倍ほどになっている。この刃が一枚五万五〇〇〇円。刃の寿命が正確に分からないまま稼働したところ、一年で交換が必要となった。交換費は実費だけで一三二〇万円。これに手間賃が加算されて、想定外の出費となった。

磨耗が激しいため交換されたダイとロール

一次、二次破砕機の刃については、一次はA、B合わせて八二枚、二次はA、Bで計八〇枚、全体で一六二枚セットされている。価格は一枚一三万五〇〇〇円で、年四回の全数交換となり、一回の交換費は二二〇〇万円、年間でざっと八七五〇万円かかってしまう。破砕機の刃だけで、最低年間一億円余を食いつぶすことになってしまった。

破砕機の刃、特に一次、二次について、企業体は当初、交換は金属類など異物が入って刃が割れたりする場合の部分的なものだけで、半年以上は切れ味が保証されると説明していたという。だが、企業体の予測は見事に外れた。センターでは金属塊のような異物が混入し、破砕機の刃がすぐに破損する破損事故がたばたび発生し、刃の交換を余儀なくされた。

また、細かく粉砕した可燃ごみは主反応機で生石灰と混ぜたのち、圧縮成形機でRDF化されるが、ここの部品もなかなかの代物である。中にセットされた部品のうち直径一メートル余、厚さ一四・五センチ、表面に多数の孔が開けられたダイは、一基四八〇万円、A、B二系列で四基設けられた。磨耗が激しいため、四カ月で交換される。このダイの中に二基装着されて、すりこぎの役目を果たすロールは一基六〇万円で、寿命は三カ月しかない。圧縮成形機関係だけで、年間九〇〇〇万円の出費となっている。

ダイ・ロールの寿命に関して企業体は、設計段階では構造は挽き肉機と同様で異物購入による破損以外、頻繁に交換する必要はないとの説明だったという。そのため、組合側も五年、一〇年は十分に機能を果たすと受け止めていた。

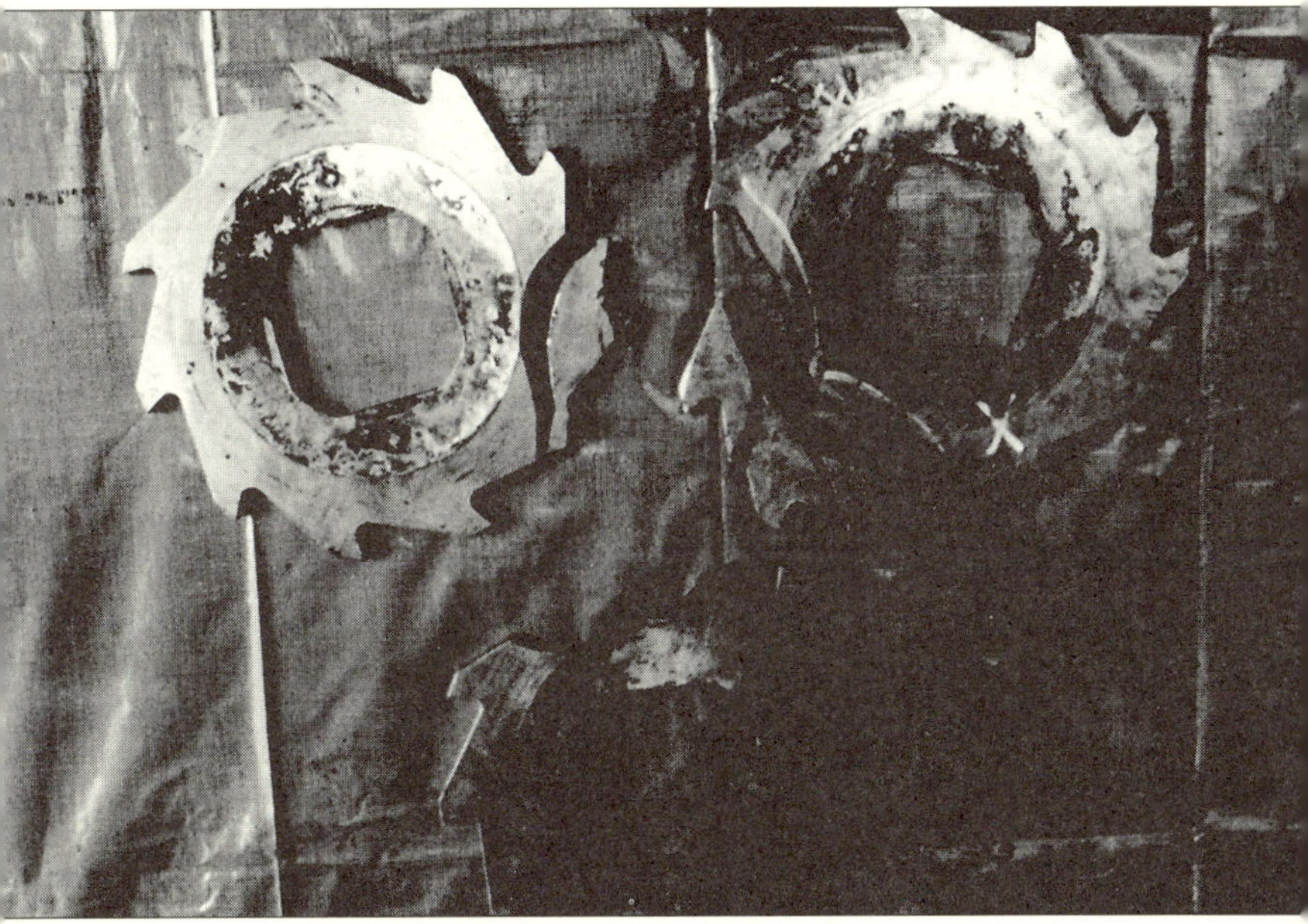

割れた一次・二次破砕機の歯、1 枚 13 万 5000 円

さらに企業体はダイ・ロールは設置当初、この五分の一の価格で納入していたが、ごみの中に混入している金属片、ガラス片、あるいは土砂などの異物によって磨耗が激しくなり、下請けメーカー側が材質の高級化、また、焼き入れを施し、強化したことから、急激な単価アップにつながったと説明した。

ただ、設計当初の破袋分別機（ＳＰＣ）の撤去、粗破砕機への交換によって、システムの基本的なフローが狂ったことが、圧縮成形機内への異物の混入を招き、消耗を早めているという指摘もある。つまり、圧縮成形機は巨大な研磨機になっているというのだ。

この膨大な部品交換費は、企業体にとって美味しい話となっている。というのも、請求される部品代はまず、メーカー側の言い値に等しい状況がまかり通っているからだ。「これは一〇〇〇万円です」と言われれば、行政側は比較対照する手段がないため、「ああ、そうですか」となってしまう。

ＲＤＦの部品類はシステムが普及しないこともあり、ほとんど特別注文といってもいい仕組みとなっており、製作工場も企業体指定と限られている。こうした機器類の積算にうとい行政マンにとって、市場価格がまったくわからないというのも弱みだ。

コンベア類の腐食も予想外だった。ごみに含まれる水分と塩分により、鋼鉄製のバケットコンベアは保証期間の三年を待たず、二年余で使いものにならなくなった。コンベア全体が腐食でボロボロの状態となり、二次トラブルを誘発させる可能性が企業体から指摘され、余儀なく

可燃ごみとして出された金属ボルト

交換を迫られた。

一日一五時間稼働のシステムは、いわば巨大なごみ運搬設備だが、一方でごみの性質上、腐食の総合商社と化している。主要コンベアの交換だけで、一回数千万円の出費となっている。

また、処理システムが極めて複雑であり、各所に設置された無数の機器類と部品について、組合事務局職員、そして現場の職員も熟知していないことも、泣き所となっている。主要機器だけでも一〇〇基以上あるため、その一つ一つの経費について、積算するのは不可能と言う。

確かに焼却方式と比べて、処理関係の機器類を数段複雑化したことは、維持・管理費を大幅に引き上げた原因となっている。一九九七年度（平成九年度）の燃焼式当時の年間経費を見ると、灯油代は約三二〇万円、電気代も一九〇〇万円、添加・脱臭剤は三八万円程度に収まっている。焼却炉内の耐火煉瓦の交換費は約二一〇〇万円で、計四四〇〇万円の出費で終わっている。この年度のごみ総量は二万六〇〇トンであったため、一トンあたりの処理費は、二一四〇円だった。

だが、二〇〇一年度ベースのRDF年間経費は、灯油代が九五〇〇万円、電気代は約一億二〇〇〇万円、添加・脱臭剤は七一五〇万円、維持・管理費は五億三四〇〇万円、計八億二〇〇〇万円余の膨大な金額となった。ごみ総量が三万七〇〇トンだったことから、一トンあたり、二万六七〇〇円余まで伸びた。

焼却方式と比較して、一二・五倍の負担増となっている。

腐食で３年もつはずが２年３カ月で駄目に

第5章　捏造された技術評価書

〔最初にJカトレルありき〕

広域行政組合は、RDFを選択するにあたり、日量で最大一五〇トン、一五時間稼働で一時間あたり一〇トンの処理条件をもとに、九四年（平成六年）八月、当時、東京都に本社のあった、専門のコンサルタント「環境整備設計事務所」（阪口亨代表取締役）に「見積設計図技術審査報告書」を提出してもらった。

評価にあたって、コンサルタントは消石灰を使うRMJグループと、生石灰を利用するJカトレルグループの双方から、見積設計図書《ずしょ》を提出してもらい、組合側から委任された仕様書の内容を充分に満たせるか、審査した。審査は技術的観点と共に、建設費、維持・管理費などに対する経済性も評価したとしている。

この評価資料が、Jカトレル方式を採用する決定的な判断材料となった。しかし、内容を後日検証した結果、最初からJカトレルありきで、その評価事項は情緒的、作為的だったと不信を抱かせる部分もあった。技術的、実証的な見地から判断された評価とはほど遠い距離にあることが分かったのだ。報告書全体については、RDFを専門とする技術者が大いなる疑問を投げかけるほど粗悪な評価だった。

技術審査報告書によると、Jカトレル方式は処理工程の段階で「金属類などの不燃残さは発生せず」との見解を示している。だが、不燃物の残さが年間五〇〇トン程度出ている。さらに注目されるのは、固形燃料のもう一方の有力メーカー・ＲＭＪ方式と比べて、運転管理、保守点検するうえで、特別な神経を使う機器類は少なく、また、生石灰を使用する効果も大きく、灯油の消費を節減していると、定義している。

しかし、稼働後の現場職員の声を聞くと、運転管理はデリケートで難しく、保守点検も職員では無理、企業体の専門家に委託せざるを得ないという答えが返ってくる。コンサルタントの評価が、いかにいい加減なものかを証明している。驚くのは、コンサルタントは、施設内でＲＤＦを燃焼した場合、焼却灰は管外に搬出しないと結論しているのだ。

ＲＤＦセンターでは設計当初、センターで生産されたＲＤＦの一五％をバイオバーナで燃やすことになっていた。日量約七〇トンのＲＤＦが生産されることから、一日一〇トン程度の利用が見込まれていた。ＲＤＦを燃焼させると、生石灰を含んでいることもあり、二〇％が灰として残る。ところが、センター内には灰を埋め立てする最終処分場はない。一体どこで処分するつもりだったのか。コンサルタントは本当にこのシステムの根本を理解していたのか、疑いは深まるばかりだ。

さらに、技術評価は気分的な表現を使った箇所が多く見られる。建設費八〇億円を投じ、最低一五年間は使わなければならない施設を、技術的、専門的に検証したとは疑わしい内容が随所に散見する。例えば、ＲＭＪについては、プラットホームへの進入がバックで行なわれるなど安全性に問題がある、外観イメージは断面図、建屋立面図等がないのでわからない、工場内の部屋割は不明、受変電設備、排気筒が屋外に設置されているため、管理、美観上好ましくない といったような、技術検証とは言えない感覚的な部分に言及して、ＲＭＪは望ましくないという評価が目立つ。

これに反してＪカトレル方式は、工場棟内は主要設備ごとに部屋割がなされており、騒音、振動、粉じん等の対策が効果的に行なえるため、良好な作業環境が得られ、また美観上も好ましい、外観上も清掃工場というイメージを抱かせないよう配慮されているなどの表現が用いられ、ムード的にこの方式が優れていると判断している。さらに、ＲＭＪをエネルギー消費型システムと決めつけ、Ｊカトレルが生石灰を使う点を評価、エネルギー消費を削減していると、現実とはおよそかけ離れた表現を用いて持ち上げている。

また、ルーズな評価を証明する項目として、このコンサルタントは、ＲＭＪについて処理工程は燃料製造工場の「感」があり、選別、成形にシビアな配慮がなされているが、システムが複雑化しており、運転管理、保守、点検にコストがかさむと結論した。ところが、Ｊカトレルに関しては、処理工程はごみ処理施設の延長線上にあって、その結果として固形燃料が生産される「感」がする、したがってシステムもそれほど複雑ではなく、運転管理、保守、点検上、「神経を使う機器」は少ないとコメントした。

コンサルタントの評価は、「感がする」「神経を使う」といった論理的根拠に欠ける曖昧な表現を用いた文言を多用し、Ｊカトレルを意図的に優秀と断定している。現実のＪカトレルはどうなのか。この評価とまったく正反対の結果を生んでいる。また、技術評価書で極めて疑惑を抱かせたのは、ＲＭＪが「アフターサービスに関して記載なし」と断罪、それに比べてＪカトレルは「アフターサービス組織図、連絡先記載」として、ＲＭＪの無責任体質を暗に批判して、Ｊカトレルに有利な裁定を下している。

しかし、八〇億円の施設を建設して、部品交換や保守点検など、その後のアフターサービスを全面放棄するメーカーが果たして存在するのか。契約では保証期間を三年間としている点から見ても、このコンサルタントが、技術評価に際してとった基本的な態度を疑われても仕方ない。まさに、最初にＪカトレル方式ありきで評価が進められ、ＲＭＪ方式の疑問点をメーカーに問いただすことなく、Ｊカトレル方式の特許を有する共同企業体が結果的に、落札・契約できるように、有利な技術評価を捏造《ねつぞう》したと判断されても抗弁の余地のない報告書を提出した。

この無責任な評価が、広域組合と組合議会の最終的な結論を左右する鍵となった。工事費（イニィシァルコスト）と維持・管理費（ランニングコスト）も、技術審査報告書では、リスクを負担する住民の期待を結果的には、大きく裏切る、大雑把な結論を提供した。

まず、概算工事費に関して、ＲＭＪ方式は七五億五〇〇〇万円を提示したのに対して、Ｊカトレル方式はそれよりも高い七九億九八〇〇万円とした。しかし、施設完成後の向こう一五年間の維持管理費の総額を比較すると、Ｊカトレルが二一億二〇〇〇万円安くなると出ている。

表5　維持管理費総額（15カ年）の比較

対象年度：1998（平成10）年～2012（平成24）年度

総処理量：582,848t

		ⓐR・Mシステム		ⓑJ・Cシステム	
		金額（千円）	備　考	金額（千円）	備　考
① 運転経費		2,871,600		2,601,800	
内訳	電　力	(1,244,400)		(1,207,100)	
	添加剤	(106,100)	$Ca(OH)_2$	(575,300)	CaO
	灯　油	(1,117,300)	固形燃料11.1t/日（生活量の1/6)	(204,600)	固形燃料13.8t/日（生活量の1/6)
	薬　剤	(384,700)	活性炭 消臭剤	(582,800)	活性炭、酸、アルカリ、消臭剤
	油　脂	(7,500)		(19,200)	
	用　水	(11,600)		(12,800)	
② 保守・点検費		2,089,100		958,500	
③人件費		1,620,000	18人×600万円/年×15年	900,000	10人×600万円/年×15年
合　計		6,580,700		4,460,300	

(注) ① 運転経費は資料1に基づく。

② 保守点検費は資料2に基づく。

③ 人件費はメーカ見積図書にある運転要員数より管理職・事務職員を除いた要員数である。

表６　トータルコストの比較

施設の概算工事費、稼働後 15 カ年の維持管理総額から、施設の１ライフサイクル（15 年とする）当たりの総費用を純現在価格で比較すれば以下のとおりとなる。

（比較評価）

施設の１ライフサイクルと想定される 15 年間の総費用（概算工事費＋15 カ年維持管理費）の比較結果から、Ｊ・Ｃシステムが経済的に優位であり、15 年間で、1,675,700 千円（112,000 千円／年）の費用効果が発揮される。

15 カ年総費用比較

項　目		ⓐＲ・Ｍシステム	ⓑＪ・Ｃシステム
① 概算工事費		（千円） 7,553,300	（千円） 7,998,000
② 維持管理費		6,580,700	4,460,300
	運転経費	（2,871,600）	（2,601,800）
	保守・点検費	（2,089,100）	（958,500）
	人件費	（1,620,000）	（900,000）
③総費用		14,134,000	12,458,300

ⓐ－ⓑ＝ 1,675,700 千円（ⓐ＞ⓑ）

（注）概算工事費は、設備過不足分を考慮したコストを用いた。

Jカトレルは四四億六〇〇〇万円、RMJは六五億八〇〇〇万円。数字のうえでは、Jカトレルの方が、数段安く、二〇億円余の経費が浮けば、その分、ほかの公共事業が充実すると、組合も議会も信じたのだった。

〔Jカトレルに有利な判断〕

だが、実際に稼働を始めると、この試算はまったくの虚構、嘘といっても過言ではない状況が生じた。Jカトレルでは電気代、灯油代、添加剤などについて、資料を出している。年間にかかる電気代は約九三〇〇万円、灯油代は一五八〇万円、添加剤は四四四〇万円と積算して、年間計一億五三二〇万円とし、ごみの増量も考慮して、この分野の一五年間の経費を約二六億円と査定した。

しかし、二〇〇二年度（平成十四年度）当初予算を見ると、電気代は一億一七〇〇万円、灯油代は八〇〇〇万円、添加剤は七〇〇〇万円となり、年間で計二億六七〇〇万円、ごみの増加を見込まないまま、この値を一五年間続けただけで、四〇億円を超す。理論と現実のあまりの相違は、メーカー側、コンサルタントの無責任さを超えて、詐欺と指摘されても仕方ない結果となった。

考えられるのは、電気代、灯油代、添加剤といった運転経費がすべてにわたり、過少に見積もられたということ。つまり、Jカトレル側が、自分たちに有利となるよう、大雑把な積算をし、コンサルタントもこれを鵜呑みにしたということだ。

保守・点検費も二〇〇二年度実績で一億余を計上し、一五年間を見込むと最小でも一五億円。ところが、審査報告書では、九億五八〇〇万円。この極端な差額は一体何なのだといいたくなるほどずさんな査定と言える。

また、施設を維持するに際して必要な人員についても、Jカトレルは一〇人の交替制を提案、人件費は一五年間で九億円と試算。RMJでは一八人体制で、一六億二〇〇〇万円を必要としている。この人件費の安さも機種選定に大きな役割を果たした。だが、Jカトレルでは現状、二四人にプラス三人、二七人体制で臨み、一年間の人件費は約二億円。一五年間にカウントすると、三〇億円となる。

この一連の技術評価によって、Jカトレルの採用が決定的となり、異例の特命随意契約によって決まった。ただ、このコンサルタントの業務経歴を調べると、自治体のし尿処理基本計画の策定、環境影響調査、最終処分場整備基本計画、ごみ焼却施設基本計画、ごみ減量キャンペーンイベント企画、一般廃棄物最終処分場等建設用地調査など、ソフト事業が大半となっている。さらに、技術者は土木関係が一人で、あとは事務部門。廃棄物に関しては、旧厚生省の天下りが多数占めているという組織だった。それでも、この時、廃棄物研究財団（一九八九年八月、厚生大臣に認可されて設立された。廃棄物処理に関する情報収集や調査、処理機の技術開発、研究を事業目的としている）からＲＤＦについての技術評価を委託されていたという。

しかし、この、一方の方式に著しく好意的な評価を下したコンサルタントの態度は、システムがトラブルを起こして以来、組合、組合議会に疑念を生じさせた。初めからＪカトレルとＲＭＪの間で、何らかの話し合いがあり、あらかじめＲＭＪは不十分な資料を提示、また、コンサルタントもこの事情を十分に呑み込んで、双方のシステムに関する深い詮索はしない、こんな裏取引があったのではないか、といった勘繰りの声があがったのだ。

技術審査報告書の内容のお粗末さは、ＲＭＪの技術評価を担当している技術者から、「専門的な知見を有する廃棄物コンサルタントが作成した内容となっていない。公表された場合には批判に耐えうることはできない表現及び内容である」と九四年九月にクレームをつけられている。

余談になるが、このコンサルタント会社は、しばらくして長野県白馬町のごみ処理施設の技術評価をしたが、特定業者に有利な判定を下したとして、公正取引委員会から勧告を受けた。これがたたってか、その後、同社は倒産してしまった。

この経過を見ると、日本の産業界はどこに目線を置いて、事業展開しているのかが如実にわかる。大口の受注さえ取ればあとの始末は、契約書を盾に言葉のやり取り、何とでもなるというモラルハザードの実態が浮かび上がってくる。特に、ＲＤＦによるごみ処理は取りっぱぐれのない公共事業、足元を見透かしての駆け引きをやったとしか思えない。共同企業体のグループトップに三菱商事が座っているだけに問題も厄介だ。商事会社は、契約書に基づき品物を右から左に動かして、そのマージンだけを稼ぐ仕組み。巨額の公金を投入して住民の環境へ寄与する事業に、果たしてどこまで親身になって関与していたのか。もっとも、これを問うのは、「八百屋で魚を求める」に等しいと言えないこともない。

あらゆる局面を検証すると、例えば評価書でいう一五年間で九億円の人件費はどう積算したのか、根拠は極めてあいまいだ。これはメーカーに誘導された、極めて恣意《しい》的な、さらに言えば捏造された技術評価と指弾される内容となっている。施工した企業体とコンサルタントの裏の癒着ぶりを窺わせている。この利益誘導だけの馴れ合いのツケと痛みだけが、住民に重くのしかかってくる。

この技術審査報告書は、後日、理想とあまりにも掛け離れた施設の稼働実績により、企業体との交渉時の切り札として、再び脚光を浴びることになった。トラブルや維持管理費の高騰により、広域行政組合と組合議会は、企業体と今後の対応について交渉に入った。その過程の中で、Ｊカトレルを選定した経過が指摘され、報告書の存在が議会側から持ち出され、原本の提示が求められた。

議会、とりわけ導入当初から係わってきた古参議員が、報告書原本で詳細にわたり、明記された数々の数値と、現実の数値が極端に相違する点に言及、原本の公表を要請した。これを受けて、組合事務局はこれまでの記録を保存してある書庫に出向いて、原本を探した。

ところが、原本が見つからないのである。この原本は、通常組合が作成するＡ４判、Ａ３判のサイズと違い、Ｂ４判の分厚い特殊判だったため、書架に縦に入らず、横に寝かせて保存してあったという。数年前の設計段階の作業に加わった職員によると、「一つだけ横になっていたので、よく目立った」という。

当時、システムの選定などにあたって、この原本は議会との話し合いや事務レベルでの査定の際、よく利用されたが、施設が七〇％程度完成した頃には、誰からも注目されなくなっていた。トラブルや維持・管理費の高騰が現実となるまでは……。

原本の紛失は、組合事務局を大いに慌てさせた。事務局を隈なく探す一方で、施設完成後、ＲＤＦ関連書類の大半を移動させたセンターの管理棟書庫も、捜しまわった。しかし、原本は出てこなかった。あったのは、原本から重要な部分を抽出した、議員配布用のダイジェスト版の余りだけだった。

ただ、この原本の紛失事件は、導入時、事業に係わっていた職員によると、センター完成の一年前に突然、勇退した芹澤組合事務局長が深く関与しているという。芹澤事務局長は、職場を去るに際して、身辺整理の名目でかなりの量の書類を自宅に持ち帰って焼却処分したというのだ。この中に、原本があったかどうかは、「藪の中」で、今に至っては本人が職場を去っているだけに、余程のことがないと確かめようがない。

この一連の不祥事は、組合事務局全体の重要書類に対する管理体制の杜撰さを露呈しただけでなく、職員自体に、事業というものは計画当初から常に継続性を持って動いているという認識の欠如をも証明した。危機管理に希薄だった行政の失態は、その後の企業体との交渉でも尾を引き、組合事務局が企業体と組合管理者の市長、そして議会とのメッセンジャー役に成り下がる結果も招いた。

第6章　生産すれど使い道なしのＲＤＦ

〔机上では消費先を確保〕

ＲＤＦは、一日平均七〇トンほど生産されている。一日あたり約一二〇トンの可燃ごみがセンターに搬入され、その六〇％がＲＤＦとなって出てくる。

広域行政組合がＲＤＦ処理を受け入れた最大の理由は、建設費、維持・管理費の安さと、生産したＲＤＦを燃料として売却できるという点だった。ごみを再加工して売るという発想は、当時のごみ処理行政ではまったく考えられない、斬新で画期的な発想だった。企業体もプレゼンテーションの席上、大型ボイラーを設置している事業所などは、今後、高価な化石燃料の代替としてＲＤＦを使うようになるとの見通しを示して、ＲＤＦは引く手あまたの市場になると、一段と語気を強めた。

これに市議会、町議会、広域行政組合議会の大方の議員たちが惑わされてしまった。行政の厄介物として対応に苦慮していたごみが、燃料として売却でき、しかも収益が見込まれるという話に眩惑されてしまった。もっとも当時、企業体と議会との話し合いの議事録を見ると、企業体の口上は巧みで、地方議員がたやすく騙されても仕方ない内容となっている。

企業体は、工事請負契約に有利であっても、後日、問題が生ずる可能性のある点については、言葉を濁し、あたりさわりがない答えをして、システムの優位性についてのすり込み効果が期待できる部分は、大いに誇張した。最後までたった一人でＲＤＦに懐疑的だった共産党の古参議員も、大勢に押されてＲＤＦを呑まざるをえなかった。

こうしたごみを燃料として考える風潮は、Ｊカトレルグループだけでなく、ＲＭＪ方式の側にも強くあった。双方はＲＤＦに関するセミナーを度々開催して、将来、オイルショックといった化石燃料の供給がピンチになることを想定すれば、国はＲＤＦを立派な燃料として認めざるを得なくなると、盛んに吹聴していた。ＲＤＦ製品の規格が制定され、安全性も確保されれば、二〇〇二年（平成十四年）頃には国から燃料として認知されると説明していた。

しかし、いまだにＲＤＦは他所に持ち出す際、廃棄物扱いとなっている。この現状に、組合側は企業体へ、燃料としての認知を強く国に求めるよう依頼した。だが、事態は進んでいない。

〈深刻化したＲＤＦ在庫〉

ＲＤＦ消費への一抹の不安は、システムの稼働が軌道に乗った二〇〇〇年四月を境におぞましいリスクを伴って跳ね返ってきた。ＲＤＦ消費が頓挫したのだ。

生産したＲＤＦの消費先が、確保できなくなったのである。センターからは、否応なしに一日平均七〇トン程度のＲＤＦが出てしまう。計画当初はセンターのボイラーをはじめ、市内の製薬会社研究所のボイラー、大規模事業所、温泉施設などで全量が消費できることになっていた。

しかし、消費問題を積み残したまま、建設に見切り発車したツケが、一気に回ってきた。毎日二〇トン前後の消費を見込んだ市内の中外製薬㈱富士御殿場研究所は、RDFシステムが遅れて稼働したため、独自にボイラーを新設、試運転中ということで、月二〇〇トン弱の利用にとどまった。

さらに、温泉施設も小回りのきく灯油ボイラーを主軸としており、RDFは一日一トン使うか、使わないかという程度となった。

結局、大口消費は遠方の愛知県にある再生紙工場のボイラーの月三二〇トンだけとなり、残りは在庫として抱えることになってしまった。民間業者の倉庫を借りて保管したものの、二〇〇〇年五月末までに、三二〇〇トンの在庫量となった。

RDFはフレコンパックと呼ばれる大きな専用袋に収納されて保管されている。一袋六六〇キログラムしか入らないため、この時点で袋数は五〇〇〇個近くとなり、広い倉庫一面を埋め尽くしている。

それでも大口の消費先は、見つからずじまい。フレコンの袋だけが、積まれていった。同年八月には在庫量が四〇〇〇トンに達して、三カ所の保管倉庫も満杯状態となった。この保管料も莫大で、月額六〇〇万円。その結果、この増額分を年四回の補正予算を組んで、補塡しなければならなくなった。

ＲＤＦ

〔問題多いRDF燃焼〕

この緊急事態に広域行政組合は、消費先の開拓に必死とならざるをえなかった。導入時の口約束をあてにして、消費先に明るい企業体にも打診して、打開策へのアドバイスを期待した。しかし、話し合いで企業体は、「遠方で処理するより、近隣と協力して広域圏で燃焼施設を造った方が良い」と夢物語のような見解を示して、引き取り先の確保に関して一歩退く姿勢に転じた。

事態はますます、深刻の度合いを増していった。さらに、思いがけないことが起こった。やっと見つけだした大口需要が、突然とまってしまった。ＲＤＦを野菜の温室栽培用ボイラーの燃料として利用していた宮城県仙台市の農事法人が、温室の増築に伴うボイラー工事のため、当分の間、使用を見合わせると通告してきたのである。一日二〇トン、週一二〇トン、月あたり五〇〇トン近くを消費してくれていたこの法人の撤退は、センター運営と財政支出、双方にとって決定的なダメージとなった。

ＲＤＦが燃料として通常のボイラーで燃焼できない最大の原因は、ＲＤＦの塩害と燃焼によって発生するダイオキシン類にある。ＲＤＦは石油から製造されるプラスチック類や発泡スチロール類が、全体の三〇％前後を占めている。

消費先がなく倉庫に保管されたＲＤＦ燃料

そのため、ＲＤＦは生ごみに多く含まれている塩分とプラスチック類を燃やした時に発生する塩化水素が反応して、ボイラーのチューブや火炉の腐食を急速に促してしまうという欠点がある。さらに、ＲＤＦ中の石灰のカルシウム分、ごみの中にあったナトリウム分と塩化水素が反応して、灰状の塩化カルシウム、塩化ナトリウムとなり、ボイラーチューブや炉壁に厚くへばりつき、腐食ばかりでなく、熱回収率を下げるという現象が起こる。このため、燃焼施設は特殊な設備を強いられて、建設コストも灯油と比べて一〇倍を超すほど高い。

また、大気汚染を防止するための公害対策も、通常のボイラーと比べものにならないくらいの設備が必要となる。ばいじんの飛散防止、窒素酸化物や硫黄酸化物の排出抑制を求められる。さらに最も重要な、徹底したダイオキシン対策も施さなければならない。つまり、ＲＤＦ焼却は通常のごみ焼却炉と同量のダイオキシン類を飛灰と焼却灰からだしてしまうのだ。

このダイオキシン対策が、設備コストを引き上げる。バクフィルターや酸アルカリ洗浄、活性炭、集じん器といった装置をつけなければ、とても排出基準値の〇・一ナノグラム以下に抑えられない。

焼却灰の処理も厄介で、燃焼の実証試験データによると、燃焼灰には欧州で幼児の遊び場などに適用されている土壌中の規制値を四倍程度上回る数値が出ており、灰溶融といった高炉で適正処理をしなければならない。これらのマイナス要因から、引き取り先は極めて限定されてしまう。

〔売値は一トン五〇〇円〕

消費先のない余剰ＲＤＦは、以後も増え続けるばかり。二〇〇一年（平成十三年）十一月現在で、とうとう八八〇〇トンに達し、袋数にして、一万三三〇〇個を超した。年末に新たな大口消費先との契約が成立して、翌年三月末には、四二〇〇トンまで減ったものの、二〇〇一年度一年間の倉庫保管料は、一億三一〇〇万円にのぼった。

毎日生産されるＲＤＦは、倉庫在庫と合わせて二〇〇二年（平成十四年）四月から、大口需要が相次いで現われて、在庫という窮状は打開できてきた。しかし、今度はＲＤＦの運搬処理費が財政を脅かしてきた。ＲＤＦの燃焼によって起こる複塩被害（ＲＤＦに含まれるナトリウム、カルシウム、アルミニウム、ケイ素などが、ＲＤＦ燃焼によって発生する塩化水素と化学反応して塩化ナトリウム、塩化カルシウムといった物質を生成してしまい、これらがボイラーのチューブや炉壁に付着して、チューブの腐食や炉壁の耐火煉瓦を劣化させてしまう）やダイオキシン対策のため、消費先が極めて限られるという条件は、それだけ処理費が高くつくことを意味していた。

ＲＤＦは、有償で各処理先に収めている。だが、その単価は一トンあたり五〇〇円という、あってないような値段、極端な逆有償となっている。一トン五〇〇円という申し訳程度の売値は、「廃棄物の処理及び清掃に関する法律（廃掃法）」の規制をクリアするための方策だ。組合としては本来なら無償で提供したいのだが、これをやるとＲＤＦは廃棄物扱いとなり、ＲＤＦセンターから持ち出す際には、廃掃法によってＲＤＦを処理施設がある自治体の事前了解、あるいはマニフェスト制度（廃棄物が適正に処理されていることを保証する制度）に基づく管理票の提出などの手続きが必要となり、一層消費先が狭められるという不利な状況が生まれてしまう。

その結果、五〇〇円という売値をお義理につけることで、この問題を解決している。こうすれば、ＲＤＦは燃料としての取り引きとなり、処理先の自治体への通告、あるいはマニフェスト制度の履行も必要がない。燃料としてＲＤＦが引き取られるので、消費先は燃焼時に発生するダイオキシン類をはじめとした公害対策を施し、危険物関係の法律を満たしていればいいということになる。

御殿場市内の法人が経営する温泉施設、温水プールでは市の息がかかっていることもあり、売値五〇〇円に対して、一トンあたりの処理単価は運搬費などの必要経費のみで一四三三円と安い。また、市内にある中外製薬の研究所も、地元への地域貢献という観点から同様のスタイルで引き取ってくれている。

しかし、これが遠方となり、さらに民間となると処理単価は飛躍的に跳ね上がった。兵庫県姫路市にある日本下水道事業団の汚泥処理の助燃料として利用してもらったケースでは、トンあたり一万八一五円となった。運搬費、プラス特殊処理による手数料が加算されたためだ。ただ現在、事業団ではＲＤＦ燃焼によるメンテナンス管理が困難であるとして、取引は中止となっている。

また、愛知県にある再生紙工場では、さらにアップして、トンあたり一万四四〇〇円、あるいは福島県の産業廃棄物処理施設での引き取りは、トンあたり三万四五〇円と高額となっている。在庫の引き取りまで含めて、月平均五〇〇トンから九〇〇トンという大口消費を引き受けた山口県宇部市のセメント工場も、トンあたり二万九九二五円という破格な値段となった。ここだけで、年間二億二、三〇〇〇万円の取引額となった。

現状でのＲＤＦ消費の経費は、一トンあたり平均一万六七〇〇円。二〇〇二年度のＲＤＦ生産量はざっと一万八〇〇〇トンとなった。この消費経費は三億円を超してしまった。

民間処理費の破格な単価は、ＲＤＦの弱点を物の見事に突いたと言える。高額の値段を提示されても、組合側がほとんど歩み寄れない状況が生じている。ＲＤＦとはいえ、所詮ごみを固めただけのもの。衛生面からも、倉庫に長期間保存できないという事情もあり、提示された金額を嫌がうえにも受け入れなければならなかった。

二〇〇一年度（平成十三年度）は一万七〇〇〇トンを超すＲＤＦを生産したものの、売値は総額で、八五四万円に過ぎなかった。一方で、消費に投じた経費は、年間で三億二七六〇万円になってしまった。ごみが増えてＲＤＦを生産すればするほど、持ち出しが多くなるという、情けないような、悲しいような構図ができてしまった。

さらに、地域貢献の名目でＲＤＦを消費してくれている中外製薬の研究所も、環境の国際規格「ＩＳＯ１４００１」を取得している関係から、燃焼灰の適正処理を組合側に求めた。灰に含まれるダイオキシン類を無害化するため、灰溶融を要請してきた。

この要請を受け入れて、組合側は愛知県にある産業廃棄物処理施設にＲＤＦ燃焼灰を搬入して、処理してもらうことにした。しかし、ダイオキシンという危険物が入っているため、処理費はとんでもない金額となった。一トンあたり四万七五〇〇円。

ＲＤＦは燃焼すると、生石灰を含んでいることから、二〇％が灰として残る。一トンあたり二〇〇キログラムという量だ。研究所のボイラーは一日平均一六トンを利用していることから、焼却灰は一日三・二トン。この処理費用は契約により、組合側が七五％、研究所側が二五％の負担となっている。組合にとってこの費用も無視できなくなった。二〇〇三年度（平成十五年度）一年間の灰処理費は、四〇〇〇万円を上回る。ＲＤＦシステムはもはや当初の理想から遠く離れた厄介者となり、何のための施設が分からなくなってしまった。メンテナンス維持や灰処理費の負担増に耐えかねて、この中外製薬の研究所も景気低迷を理由に、ＲＤＦ使用の中止を検討しているという。

第7章　混迷する企業体との交渉

〔発注側に広がる企業不信〕

施設発注以来、和気あいあいの雰囲気で進んでいた広域行政組合と組合議会、施工した三菱商事などの共同企業体との関係は、トラブル発生後、急速に悪化した。企業体による大改造工事の提案、工事終了後の火災事故、生産しても消費先のないＲＤＦ、さらに年々高騰する維持・管理費など悪条件が重なり、組合と議会内に起こった企業不信は急速に強まっていった。

組合議会からは、企業体との協議の中で、ＲＤＦセンターを「実証プラント」と断言する議員も出た。こうした不信感の解消を含めた今後の対応を協議する場として、組合事務局と組合議会、共同企業体による合同ごみ処理施設建設委員会（委員長・西田英男御殿場市議）が本格的な機能を発揮しはじめた。

委員会では当初、火災事故の防止策、あるいは改造工事の結果などについて三者間で意見交換していた。しかし、改造工事が終了して、システムがほぼ順調に稼働した二〇〇〇年度（平成十二年度）の当初予算編成期に入ると、問題点が続出してきた。そこで、発注側サイドで課題を整理していた。

まず、導入段階では予想だにしなかった膨大な維持・管理費、あるいは生産しても引き取り手に困窮して在庫約九〇〇〇トンとなったＲＤＦ、また、依然として起こる小さなトラブルなど、一朝一夕では解決のつかない状況が生じた点が課題の中心だった。

とりあえず、合同委員会はシステムを検証するため、一〇項目の問題点を取り上げて企業体との交渉に入った。指摘事項は、システム導入当時の経緯からはじまり、稼働後、周辺地域へ及ぼしている環境問題まで、広範囲にわたった。

①ごみ処理施設建設事業の経緯、②固形燃料化方式の採用理由について、③Jカトレルの採用理由について、④固形燃料（RDF）の引き取りを契約条件に盛り込まなかった理由、⑤工事完了とその後のトラブルについて、⑥ごみ質等について、⑦バイオバーナについて、⑧運転経費について、⑨固形燃料（RDF）の消費等について、⑩環境にかかわる事項について――をあげた。

①と②の経緯については、当初は燃焼方式としたものの、リサイクルの観点から固形燃料化方式に切り変わったという当時の一連の流れが広域行政組合事務局から説明された。③に関しては、Jカトレル方式が、運転管理、保守・点検の容易さ、維持・管理費の安さの面から優れているとして、採用したとしている。

というのも、処理施設が燃焼式からRDFへと変更になった大きな要因は、一九九二年十月二十六日、広域行政組合議会ごみ焼却場建設検討委員会（委員長・小野武組合議会議長）と組合事務局ごみ処理施設建設委員会（委員長・山口俊雄御殿場市助役）が、Jカトレルグループ・共同企業体のRDF説明を聞いたからだった。

席上、企業体の幹事社である三菱商事と、施工メーカーの荏原製作所の担当者はＲＤＦは石油、石炭の代替燃料になるといった将来的な優位性を、さらにＲＤＦは燃焼式の施設と比べて半額の予算で建設できる、ごみを燃さないので維持・管理費も灰処理がついて回る燃焼式よりも安くなるなどを保証していた。質疑は四時間にも及び、最終的には企業体の自信に満ちたＲＤＦ説明に議会と当局、双方の委員会の大勢がＲＤＦに傾いたのだった。

こうした経緯から、合同委員会ではこの時の会議録を根拠に、企業体のＲＤＦ説明が最終的な機種決定に大きく作用したとして、①から③までを検証項目に入れたのである。

しかし、④から⑩に至る七項目は、稼働後に発生した問題点だけに、企業体もおいそれと明快な回答は出さなかった。トラブルについても、設計時に組合側から提示された「ごみ質」と、現実のごみが極端に違っていた、バイオバーナはダイオキシン対策で使用不能、運転経費については、実質一トンあたり、約一万三三〇〇円程度で推定値に納まっているとして歩み寄りはなかった。ただ、主要機器類の清掃、機器類の点検整備は職員を想定していたが、改造によって専門家の技量を要するものが多数あり、委託が不可欠となったと説明した。

ＲＤＦ消費も、最終的に組合側から公共施設を含めた管内消費を優先させることで合意しているとの見解を企業体は示した。環境問題では、センター内に浮遊する粉じん対策、近隣への臭気公害については、改善を図るとし、今後の協議事項となった。

三者による合同委員会は定期的に開催され、火災事故を含めて企業体の責任追及が始まった。

組合議会の議員も両市町の議会から新たに選任された。新議員は問題点が大きいだけに、企業体との交渉の場では張り切った。だが、勉強不足があからさまで、初回の会合では、企業体に軽くいなされた。

〔軽く見られた議員の技量〕

組合議会議員に選ばれた三期目の保守系の宇野茂夫御殿場市議が質問した。「このJカトレアシステムは……」と述べて、疑問点をただした。それに答えて、共同企業体の幹事社である三菱商事の責任者は、「議員さんはこのシステムが未完成であるから、Jカトレアと指摘したと思いますが、これはJカトレルで、カトレアではありません。既にシステムとしては完成してます」と揶揄《やゆ》した。

これに対して、会場に同席した同僚議員、さらに組合管理者の内海重忠市長をはじめとした事務局から、大きな笑い声が起こった。議員の勘違いを茶化したことへの抗議は、一切なかった。ここで、企業体との交渉の勝負は、ほぼついた。組合当局、そして議会は企業体に完全になめられた形となった。

「Jカトレア」発言は一議員の知識不足を露呈しただけでなく、直後起こった哄笑《こうしょう》によって、企業体は今後の成り行きに対して、大きな自信を持ったと見られる。組合も議会も、大した相手ではない、そんな印象を確実に抱いたに違いない。

世界を相手に商いをしている商社を前に、組合と議会はあまりに戦術がなさすぎた。特に改選間もない議員にとって、この発言は不用意という以上に、情けなかった。

企業体にとって新議員は未知数の存在であり、ＲＤＦ問題に対する理解度を探るのは今後の交渉にとって不可欠となっている。質問事項が企業体にとって厳しい内容であれば、企業体は緊張感を持ってその都度協議に応じなければならないというリスクを負う。質問に対する答弁も、慎重にならざるをえない。しかし、「Ｊカトレア」発言と、取り巻きの組合議会議員の哄笑によって、企業体は瞬時に、交渉相手のレベルを見抜いた。「とるにたらない存在」。この認識がその後の組合と組合議会に対する企業体の一貫した態度となり、交渉は長期化し、内容自体も、のらりくらりとしたものになった。

事業を議決した責任もあり、議員たちは様々な質問を企業体にぶつけるが、その都度うまくあしらわれて、巧みに論点を外され、合同委員会は内容空疎、単なる補完機関となってしまった。また、時間が経過するにつれてこれだけ多方面にわたって大きな、そして深刻な問題となってしまったＲＤＦセンターを前に、広域行政組合事務局も、企業体と管理者あるいは議会の調整役のような存在へと変わっていた。本来、この事務局は広域事務に関する事業全体を検証し、かつ問題点があれば自助努力によって解決をしなければならない立場にあったのだが……。

ただ、組合事務局自体の陣容にも、不備な点があった。施策や事業の決定に重要な役割を果たす幹部職員が毎回、長年事務畑を歩いただけだったことから、技術面ではまったくの素人だった。そのため、複雑なシステムとなっているRDFセンターについては、図面すら分からないという状態だった。技術職も配置していたが、これも電気設備関係などに詳しい職員で、RDFといった大規模、かつ複雑で高度な専門知識がないと理解できない施設には慣れていなかった。

企業体は、①トラブルの原因は組合側が提示したごみ質資料と現実が違った、②大改造工事は企業体が誠意をもって全額約四五億円を自己負担した、③生産したRDFに関しても、消費先の開拓に企業体も努めるものの、原則として管内消費を優先させることで合意している、など巧妙に責任回避を図る結果となった。また、「実証プラント」であるとの議員の追及に対しては、「もはや完成された施設で、公的な第三者機関の技術評価をクリアして認知されている」と突っぱねた。

さらに、個別の項目についても、「契約に盛り込まれていない」の一点張りで、交渉は一向に進展しなかった。議員側から続出する質問に対して、ややもすると本論から逸脱した事柄であっても、企業体にとっては、その回答はいともたやすいものとして写った。

この間、組合の管理者である当時の内海市長は、ひと言も疑問を企業体にぶつけなかった。合同委員会開催の冒頭、あたりさわりのないあいさつを述べるだけで、実質的な質疑には一切口をつぐんでしまった。この管理者の態度は、住民に不可解に映った。副管理者の長田史小山町長は、「事態が進展しないのなら、法的措置も取らざるをえない」と強い憤りを示していただけに、管理者・内海市長の優柔不断な対応は、町長、そして議員間にも不信感を抱かせた。いつしか、「市長は弱腰」との声も出始めた。

〔ＲＤＦ問題で現職市長が落選〕

ＲＤＦ問題が混迷を深め、解決に向かった方向付けが何一つ示されないという硬直状態に入っても、企業体との合同委員会は定期的に続いていた。だが、以後も、これといった、決定的な打開策は見い出せず、維持・管理費の高騰、倉庫にあふれ続けるＲＤＦだけが、依然最大懸案、緊急を要する重点項目として残っていた。この窮状に対して、行政のアカウンタビリティー（説明責任）の観点から、組合は『広域行政組合だより』を急きょ発刊して、住民に広報した。

これは、ＲＤＦセンターに搬入される可燃ごみの中に、金属類の異物が混入し、部品の破損を招いて、度々運転がストップするという事態の打開と、維持・管理費の節減を願って、ごみ減量を住民に働きかけるのが目的だった。にもかかわらず、効果はそれほど上がらなかった。住民は、決められた日に出したごみがキチンと収集され、集積所に積み残されたり、散乱するといった事態が起こらなかったため、ＲＤＦの非常事態には比較的無関心だった。ＲＤＦで広域行政組合が大変苦労しているという点をうっすらと感じてはいたものの、納税者としての危機感は希薄だった。

ＲＤＦ関連予算があらゆる事業に最優先する事態を迎えても、予算執行の現場を知らない住民にとっては、現実味がなかった。しかし、事業予算を編成する行政側にとっては、次年度予算の概算要求、ヒアリングなどを通して、ＲＤＦへの無駄な出費はホゾをかむ思いだった。将来を見据えたインフラ整備を市長に提案しても、予算的な理由で規模縮小、あるいは見直しを迫られる場面が度々起こり、張り切って進言した職員は、段々と仕事に対する意欲を失っていった。

特に、ＲＤＦのパートナーの小山町に内緒で独断先行した御殿場市では、この弱みも手伝って各部署の職員に元気がなくなった。部課長クラスの表情はともすれば曇りがちで、庁内にはＲＤＦ症候群（シンドローム）が色濃く漂い、職場の雰囲気は暗いものとなった。

市民も設計当初と比べて、四倍、五倍と膨れ上がっていく維持・管理費について、異議を唱えて住民監査請求といった行動を起こさなかった。一部では、この無差別的な公金の使用に不満を持つ動きがあったものの、大きな市民運動にまでは発展しなかった。市民は集積所に出したごみが、収集されていれば良かったのである。

センターの事態が一歩の進展も見ないまま、企業体とのこんにゃく問答が繰り返されていた中、大きな転機が訪れた。ＲＤＦシステム導入に「ゴーサイン」を出した官僚出身の御殿場市の内海市長が二〇〇一年（平成十三年）二月に任期満了を迎えることになった。

一方で、ＲＤＦ問題は時間が経過するにつれ、企業体との交渉は泥沼化して、結果、市長に対する不満、不信が徐々にではあるが、声となり始めていた。しかし、市長選に向けてのこれといった対抗馬の動きはなかった。この雰囲気の中、現職市長は任期満了を迎える六カ月前の市議会九月定例会で、与党市議の質問に答える形で、二期八年間の実績を披露し、三選に強い意欲を示して出馬表明した。

この現職の強い自信と初当選当時、対抗馬に一万票の大差で圧勝した実績が後援会内部だけでなく、有権者の間にも深く浸透していて無投票の声が広がっていった。無投票を阻止するため、共産党など革新陣営も候補者を擁立する動きを見せたが、適当な人物を絞り出せず、結局見送った。アンチ市長派の市議を中心に、現職市長に敗れたベテラン県議を担ぎだす気配もあったが、大差での敗戦が尾を引き、いつの間にか立ち消えとなった。

これに意を強くした現職市長派は、無投票を確信して告示日の一カ月前になっても、表立った動きは見せなかった。後援会には対抗馬なし、無投票という楽観ムードが漂っていた。

だが、投票日の丁度一カ月前の十二月二十八日、部長級の長田開蔵御殿場地域振興センター所長が逡巡の末、出馬表明した。立候補の記者会見で、長田氏は、「職員としてＲＤＦ問題に関係し、執行側の責任の一端を感じているものの、市民の目線に立った場合、事態の進展を見ないのは憤りを禁じえない。何とかしなければという思いで立った」と決意を述べた。

しかし、新人の長田氏は年末の出馬表明だったことから、後援会活動が本格化したのは、年明けの一月七日過ぎ。この間、現職市長派は後援会の事務所開きや組織の立ち上げなど、すべてにわたり、新人を圧倒していた。現職の後援会幹部の間では、二期八年の実績と東大工学部卒の元キャリア官僚に対して、地元の高校を卒業しただけの新人とでは、勝負は初めからついている、といった下馬評が流れ、選挙戦は楽勝ムード一色の雰囲気だった。

確かに、選挙戦では現職と比べて新人は、大幅に出遅れていた。さらに、政治家あがりでなく市職員出身ということから、具体的な実績を示せないこともあり、「まるで勝負にならない」、といった声が有権者の間には広がっていった。こうして現職有利の状況で告示日を迎え、両陣営は激しい選挙戦に突入した。

この選挙では、これといった大きな政策論争がなかったが、一つだけ戦いの雌雄を決する課題があった。どうにもならなくなったＲＤＦ問題だ。現職市長側は、行政改革の流れを受けた幼稚園・保育所の公設民営化の方針、学校給食の民間参入案、あるいは全国で初めて取り入れ、マスコミで大きく取り上げられ、話題となった「部下による上司の評価制度」などの実績を掲げて、「この流れは変えられない」をスローガンとした法定ビラを、大々的に市内各地域にまいた。しかし、混迷を深めるＲＤＦについては、ひと言もふれずに終わった。

これに対して、新人は最後の切り札を用意した。「ＲＤＦについては数々の諸問題を市民に情報公開して、透明性のある対策に取り組みます」を公約に掲げたのだ。さらに、たたみかけるように、「御殿場市を変えよう。このままでは大変なことに……。RDFは市の財政を圧迫していませんか?」と、有権者に向かってメッセージを送った。多額の税負担をハッキリとさせれば、市民のごみ意識も変化して、確実にごみ減量につながるという点を運動で強調した。

こうして、一週間という短い選挙戦の後半は、RDFに関する両者の見解が真っ二つに別れる戦いとなった。現職の内海氏は最後までRDF問題は、自己責任も含めて、ダンマリ戦術を貫いた。新人の長田氏は御殿場・小山RDFセンターだけでなく、他県で発生しているRDFトラブルなどを指摘して、現職の執行責任を問うた。

RDF問題が市長選の目玉の戦いとなった様相を境に、現職側の動きがにぶってきた。運動の母体となっていた建設業協会の関係者も、選挙事務所には義理で顔を見せたという表情が目立ってきた。出されたお茶を飲み干すと、情勢分析はおろか、新たな票の掘り起こしに向かう様子もなく、早々に引き上げた。初選挙で運動の最大母体となった女性陣も、受益者負担が懸念される幼稚園・保育所の民営化、食の安全・安心が問われる学校給食の民間参入を図る現職に対して、大きく身を引いた形となった。結果、選挙事務所内の士気は低迷し、活動に行き詰まりを見せた。

投票前日、市内は大雪に見舞われた。現職側の事務所はこの雪で、まったく動きがなかった。一方、新人側は六、七人がグループとなって傘を片手に、ローラー作戦をかけた。RDFの情報公開と、透明性ある対策を確約したビラを、牡丹雪が降りしきる中、コツコツと一戸一戸に配布していた。

対照的な運動を展開して、二〇〇一年一月二十八日、投票が行なわれ、同夜即日開票された。大雪の影響もあり、投票率は、六〇％をやや割ったものの、前回を一〇ポイント上回った。開票所では、当初両者は互角の得票数で推移した。しかし、一時間も過ぎると新人が現職に一七〇〇票の差をつけた。結局、市選挙管理委員会が発表した確定開票結果は、現職の内海市長一万六五二三票、新人の長田候補二万五九五票で、新人が四〇〇〇票余の大差をつけて、圧勝した。

出馬が大幅に出遅れた長田候補は、余りの大差に信じられないという表情を浮かべたが、当選確定の報に勝利を実感して、支援者に笑顔で応えた。一方、敗れた現職の内海氏は、「私の不徳のいたすところです」と言葉少なく選挙事務所を去った。

投票日後、当選した長田陣営からは、「ＲＤＦが切り札となって有権者の支持を取り付けられた」という声がしきりに起こった。一方、敗れた現職側からは、「ＲＤＦが命取りになった。あれが現職の唯一の失政だった」との反省の弁が出た。それまでＲＤＦに黙っていた有権者が、唯一溜飲《りゅういん》を下げる場面だった。

ともあれ、ごみ処理施設問題が市長選の最大の争点となり、勝敗の行方を決めるまで発展するとは当初、両陣営とも計算に入れていなかった。それだけに、当選した新人は、新たなリスク、さらには根本的な解決を図らなければならない立場に追い込まれた。

〔システムの問題点を抽出〕

市長選に先立ち、センターが抱える課題の解決に向けて、広域行政組合と組合議会は二〇〇〇年六月までに、十数回の合同委員会を開いて、主にごみ処理施設建設事業の経緯について、固形燃料化（ＲＤＦ）方式及び、Ｊカトレルシステムの採用理由についてなどを集中的に検証した。この間、メーカー側も交えた話し合いが行なわれたが、問題解決の糸口すら見出せなかった。

同委員会は各項目毎に、それぞれの委員から寄せられたシステムに対する疑念や不満を整理して、市長改選後、五カ月を経過した二〇〇一年六月、改めて、長田新市長の意向も盛った最終的な質問書を共同企業体に提出し、回答を求めた。質問は施設の処理能力不足、維持・管理費の高騰、企業体によるＲＤＦの消費開拓、周辺の住民から苦情の出ている悪臭問題などに対する説明責任を求めたものだった。

一週間後、三菱商事を幹事社とする共同企業体から書面で回答が届いた。

予想されたこととは言え、回答では企業責任を認める部分は皆無だった。相変わらず、実情に裏打ちされた内容ではなかった。例えば、一時間あたりのごみ処理量が一〇トン、一五時間で一五〇トン処理の能力については、「処理することが可能です」といった予想にとどめるだけで、保証はしなかった。また、当初計画では、施設の運転管理要員は二人態勢でシステムの立ち上げ、立ち下げに計一時間必要としていたが、大改造後は運転管理要員は四人、加えて立ち上げに四五分から六〇分、立ち下げに三〇分ほどかかると企業体は明言していた。

ここでいう立ち上げは、システムを本稼働させるため、ボイラーを一定の温度まで温めたり、ごみの目詰まりを起こしている圧縮成形機の穴の掃除などに要する時間。立ち下げはボイラーの冷却と、ＲＤＦの発火・発煙を恐れて全ラインのごみをカラにするために要する時間。いずれもトラブルや火災を防止するため、システムの本稼働一五時間以外に十分な時間が設けられた。

しかし、現状は要員七人、立ち上げ・立ち下げに二時間もかかっている点を糾明したところ、企業体の回答は実に煮え切らないものだった。要員四人というのは、定常運転中の巡回運転管理要員のことで、立ち上げ・立ち下げ時はクレーン作業員一人を含む五人で、現場作業をすることを想定していた、と自分たちに都合の良い解釈をつけた。また、立ち下げ時間の計画値三〇分と現実との相違については、停止中の安全性に配慮し、未成形ＲＤＦを溜める貯留フィーダ内を空にしてから停止することにしたため、五、六〇分の立ち下げ時間が必要となり、要員も二人追加となったと釈明した。

この結論として、「現状では立ち上げ・立ち下げの合計は、一時間半から二時間の範囲であると理解しております」と述べるだけ。稼働準備時間の必要以上の時間浪費は、トラブルを回避するためには当然といった回答内容だった。さらに、企業体はたたみかけるように、立ち上げ時間に想定していた主要作業は、ボイラー着火、圧縮成形機の点検のみを想定して、稼働の準備作業はボイラー昇温中に遂行可能と判断、特に準備時間は設けなかったと開き直った。これでは一体何のために、実証プラントを建設して各種のデータを集め、処理施設として自信を持って技術評価を申請したのか、不思議である。また、困窮してあとから辻褄をあわせるようなシステムになぜ、廃棄物研究財団が技術評価のお墨付きを出したのか、不明な部分が多すぎる。

〔またしてもごみ質〕

交渉時の当初から、責任の所在を決定付ける「ごみ質」に対する再質問に、企業体は、ごみ質は元来「過去のデータ」に基づき、「将来の予測」も含め、自治体が決定し施工業者に提示されるべきものと定義した。また、本契約においても組合からごみ質の提示を受け、それに基づき企業体が施設の設計施工をしたとして、企業体に責任はないとの認識を明確にした。

しかし、自治体のごみ質データをもとに設計し、その枠内に納まらなかったとして、責任はすべて資料提供の自治体にあるという企業体の言い分は、本当に世間で認められるだろうか。あるメーカーがごみ処理施設を受注する場合、ごみ質は重要なポイントとなることは確かだ。

しかし、ごみ自体は四季を通じて変化しやすく、年間の平均値を算出しても、これが絶対値とならないことは業界の通例となっている。夏場と冬場では水分も当然大きく違うのが当たり前で、そのためメーカーは四季それぞれのごみ質の全国平均、都市部、農村部の平均値を絶えずチェックしてプラントの売り込みに走り回るのは、営業の初歩と言える。

「お宅の自治体のごみ質では、ちょっとわが社のプラントでは対応できません」では、営業どころか、メーカーとしてのプライドが許されないだろう。これをいとも簡単に、回答書に盛り込み、そもそも提示資料が悪いと文句を声高に唱える企業倫理は、一般では通用しない。なおかつ、破砕機のシャフトに巻きついて稼働をストップさせているビデオテープに関しては、予想以上に量が増えたため、組合側で別回収して別処理をお願いしたという言い訳に至っては、最初の「可燃ごみなら何でも問題なく処理できる」と豪語した企業体の自信が、最初から受注者側を騙《だま》すつもりの虚言だったと言われても仕方ない弁明だった。

このほか、破砕機の刃や圧縮成形機のダイ・ロールの価格急増についても、「業者見積もりを取ったところ、極端に高騰しており企業体としても驚いたのが実情です」との他人事のような発言は、もう企業倫理を追及する以前に、企業の無責任さを自ら露呈する以外の何物でもなかった。

圧縮成形機が土砂、がれき、ガラス類の混入によって著しい磨耗を引き起こしている問題で、組合側は比重選別機の未設置がこれを助長させているとの見解を示し、企業体に説明を求めた。

これに対して、企業体はこれら可燃ごみの中の不燃物の割合は二%程度であり、あえて除去すべき量ではなく、固形燃料に入っても問題ない量と判断したと断言した。

だが、実際は、この不燃物が圧縮成形機のダイ・ロールの寿命を著しく縮めて、壮大なごみ研磨機に変貌させているのが現実だ。この実態を知りつつも、巧みに言葉を労してかわすあたり、やはり巨大企業の老獪《ろうかい》さを窺わせている。

それぞれの質問に対する回答の通り、企業体は説明を通して、経費が極端に高騰したとはいえ、契約書、確約書の中では、すべて組合側の負担となっていると突っぱねた。今後とも協議は継続していくとの柔軟性は見せたものの、応分の負担については頑《かたく》なに拒否した。

各種部品の高値についても、下請けに一方的な責任を押しつけ、他人事のような見解を寄せて逃げた。また、点検費がかさんできた点についても、大改造により機器点数が増えたため、職員の勤務時間内の点検整備・清掃が困難になり、その結果、外部委託、土・日曜日の清掃作業が必要となったと、そもそもの原因を棚上げする態度を露骨に示した。

さらに、予備品、消耗品の割高、各種機器の点検整備と清掃に関する具体的な削減策の回答では、設備の運転と保守管理を、運転委員も含めて一括企業体が請け負う方式を採用すれば可能となるといった、現場職員の処遇問題などの観点から導入当初では話題にもならなかった提案を突如持ち出してきた。こうして、RDFの採用を検討していた当時と、課題解決の交渉時では、企業体の見解に明らかな矛盾が生じていた。

未解決で継続審議の中心の一つとなっている、生産したＲＤＦをセンターで自己消費する課題については、大、中、小、三つのパターンのボイラー設置を提案した。また、高額となる維持・管理費も明記したものの、判断は組合側に任せると責任を回避した。

ＲＤＦ自己消費のボイラーについては、設計時のバイオバーナは不向きであるとの見解をまず示した。その上で、小規模ボイラーはセンター施設内の空調関係のみに使う日量一〇トン利用のもの、中規模ボイラーは、主反応機で利用する蒸気を、最大限ＲＤＦ燃焼による蒸気でまかなう場合の日量一四トン利用のものを、さらに大規模ボイラーは現時点で生産しているＲＤＦのうち、製薬会社研究所での利用分を除く全量に相当する日量四五トンを利用するものを提案した。しかし、いずれのケースもＲＤＦを燃焼した場合、維持・管理費がＲＤＦ一トンあたり、一万五〇〇〇円から二万五〇〇〇円程度かかり、経済性を考慮すると、これ以下の費用で他の利用先の確保が賢明であるした。反面、これらのボイラーを採用すると維持費などの費用面から、施設設置のメリットはなくなるが、ＲＤＦ利用先確保の心配がないという観点からは少しでも自己消費を目指す必要があると、回答した。結局、回答はポイントがはっきりしない、どれが良いのか、悪いのかの判断が皆目分からない内容となっていた。

この曖昧な回答を土台に、最終的には日量四五トンのボイラーを提案している。また、将来的なごみ量の増加を見込んで、フル稼働も視野に、いっそのこと六、七〇トンのＲＤＦ燃焼ボイラーを設置した方が得策と、発生熱エネルギーの具体的な利用も明確にしないまま、自らも負う羽目になったＲＤＦ消費先の確保というリスクを巧みにかわす手口も披露した。

大改造工事後に深刻となってきた周辺住民に対する臭気問題に関しては、住民の切実な訴えは十分理解しているものの、活性炭の交換回数の増加と併せて、原因究明と抜本的解決策を検討しているとの態度を見せた。それでも、事態は一向に改善されず、依然、住民からの苦情は続いている。

臭気問題は、ＲＤＦセンターから東に五〇〇メートルほどの位置にある数軒の民家で、それこそ日常生活を脅かされるほどの問題となっていた。たまらない臭気で目から涙が出る、目がショボショボする、皮膚がヒリヒリするといった苦情がセンターに寄せられた。原因物質の主なものは、アセトアルデヒド。発生源は主反応機内で、ここにある滞留中のごみのアルコール分が酸化されて、強烈なアセトアルデヒドを発生させていた。大改造による主反応機の増設も一因だった。アセトアルデヒドは刺激臭のある無色の液体で、ごみ処理の工程でも発生する悪臭化学物質として、ごみ処理施設における硫黄酸化物、窒素酸化物、ダイオキシン類などの公害防止対策二二品目の一つとなっている。毒性としては麻酔作用、意識の混濁、気管支炎、肺浮腫、目・鼻・皮膚のただれがある。

センターでは対策として、発生する臭気は活性炭脱臭装置、酸アルカリ洗浄塔を通過して五階上部に設置した煙突部から、除去することになっていた。しかし、実際はこの装置の効果は期待外れだった。

この原因も建物全体の設計ミスが指摘されている。地上五階の建物はやや窪地に建てられ、さらに景観形成を考慮して、臭気を排出する煙突部は屋根部から若干、筒が出ているだけ。これが西からの風向きといった気象条件に制約されて、日によって臭気災害を風下の東側にもたらした。いわゆる、ダウンロード現象と言われるもので、本来、煙突部から上空に拡散されるべき臭気が、屋根の勾配を伝わって地上に向かって吹き下ろす事態が発生した。これが風に乗り、地上数メートルの幅を維持しながら民家に流れ込んで、健康被害を与えていた。

結局、臭気対策に関する企業体から提出された二〇〇一年十月の回答は、活性炭の交換回数を年二回から三回に変更して状況を見ている、抜本的解決を検討しているというだけの消極的なものだった。活性炭の費用も、組合負担となり、そもそも誰が悪いのか、分からなくなってしまった。

こんな状況から肝心な部分で、企業体からは逃げをうたれて、委員会側は責任追及はおろか、尻尾すらつかむことができなかった。事態は閉塞状態に陥り、一方でごみは増加の一途、維持・管理費も増額という状況が慢性化してきた。

管理者を兼ねる改選後間もない長田市長は、「長い経過があり、これまで検証してきたものの、抱える問題は極めてむずかしい。再度、議員を交えて意見を聴取、新たな対応を考えたい」と苦しい心情を吐露《とろ》した。さらに、途中経過については、住民に報告したいと述べた。

第8章　第三者機関に検証を委ねる

〔RDF問題の打開を図る〕

ＲＤＦ問題の閉塞状態を前に、就任半年を経た長田市長は、事態の打開を図るため、二〇〇一年（平成十三年）六月、専門家からなる第三者機関「御殿場・小山ＲＤＦセンター評価委員会」の設立を提案し、客観的な評価を行なう決意を表明した。

長田市長の決断の背景には、九〇〇〇トンを超す余剰ＲＤＦの切羽詰まった状況、あるいは企業体に維持・管理費の一部負担を求めたものの、契約条項を盾に拒否された、などの事情があった。さらに、六カ月前の一月に行なわれた現職との凄まじい選挙戦の際、「ＲＤＦ問題の徹底解明」を公約に掲げたことも働いた。

評価委員会の設置は、議会の同意を得て、夏から人選に入り、十月上旬には終了した。委員は八人。横田勇静岡県立大学大学院教授を委員長に、藤間幸久名古屋大学理工科学総合研究センター教授、栗原英隆㈳全国都市清掃会議参事、平井一之静岡県環境資源協会事務局長、藤吉秀昭㈶日本環境衛生センター工学部長の五人は専門家。残り三人のうち、二人は御殿場市の斎藤武男助役と小山町の岩田功助役が、一人は静岡県環境部の鈴木隆主幹が就任した。

評価委員会の検討内容は、先に広域行政組合と組合議会が抽出した一〇項目をさらに絞り込んで、①一日一五時間稼働で一五〇トンの処理量を満たしていない処理能力、②周辺地域への臭気問題、③当初の予測値をはるかに上回っているユーティリティ（維持・管理費）、④保守・点検費の増額、⑤コンベアモーターの主軸の破損、腐食によるコンベアの脱落といった重故障対策について、⑥圧縮成形機や主反応機での発煙対策、⑦ＲＤＦ製品の自己消費の七点となった。

そこで、保管されているセンター関係の資料の調査、現場での機能、処理能力検査をはじめとした検証作業、共同企業体を呼んでのヒアリングなどを通して、評価を進めていった。

十一月三十日にはセンターのシステム全体の機能検査の中間報告書がまとめられ、議員もメンバーに入っている合同ごみ処理施設建設委員会にも提示された。報告書では、処理能力の確保については、金属塊など不適物の混入トラブルといった、搬入側のルール違反を指摘しながらも、企業体に対してトラブルが頻発している機器へのハード的な改善を求めた。

システムの安定処理を確保するには、日常運転での立ち上げ・立ち下げ時、あるいは土・日曜日の点検・清掃が欠かせない状況も不可欠であるとした。さらに、この点検・清掃が委託によって行なわれている点に言及、この委託費が年間の維持・管理費の増大の要因の一つになっているとした。

臭気問題では、発生を排気筒と推測、活性炭脱臭装置の除去効果が低い点をあげ、臭気成分の中のアセトアルデヒド濃度が設計条件に比べて非常に高いという欠点を明確にした。

解決策として、六五〇度から八〇〇度という高温の炉内にアセトアルデヒドを送り込んで、組成を分解、臭気を消してしまう燃焼脱臭方式を勧めた。さらに機種として、直接燃焼方式と蓄熱燃焼方式の二つを提案した。

直接燃焼方式は高温の炉内に直接臭気を送り込んで火炎と混合させる方法で構造が簡単で実績もある。蓄熱式は金属などの蓄熱材を使った蓄熱室に臭気を送り込んで脱臭を図るが、燃焼室のほか、蓄熱室を備えるため、構造がやや複雑。評価委員会はセンターには、直接式が適当と判断した。

維持・管理費の高騰については、点検箇所と点検項目の増加のほか、五倍となった消耗品の単価と交換頻度の増加をあげ、メーカーの独占的な供給に、競争性を働かせる努力を組合に求めた。

火災事故以後も発煙が頻繁に起こる主反応機の問題については、さらなる安全対策の必要性を指摘した。コンベアモーターの主軸の破損、腐食によるコンベアの脱落といった重故障対策として、委員会は、企業体の設計当初の瑕疵《かし》（＝欠陥）、あるいは詰めの甘さをはっきりとさせた。また、コンベアの主軸が折れたトラブルに関しては、材質の強度不足、安全率の低さを指摘して、企業体に一定の責任を求めた。

システムの一部に企業体の瑕疵を認めた、この中間報告を聞いて、建設委員会側、特に組合議会の議員は色めき立った。「この分だと、最終報告では企業体の責任がはっきりとして、センターが本プラントではなく、実証段階の施設であることが証明される。企業体に応分の負担が要求できる」と結果を大いに期待したのだった。

さらに、検証作業は続き、二〇〇一年十二月十八日には検証項目の大方で、最終的な合意形成が図られた。そして、翌年二月二十一日、最終報告案がまとめられ、組合管理者の市長に提出された。

議員らに配布された概要版によると、評価委員会は最終報告を提示するまでに、計五回開かれた。各回毎にトラブルや改善策、処理経費、維持・管理費、余剰RDF問題などについて、それぞれテーマを決めて、話し合いが行なわれた。

検討結果の結論によれば、設計と比べて劣る処理能力については、トラブルが頻発している機器の改善を促しているものの、処理不適物の排除、あるいはシステムの立ち上げ、立ち下げ時、土・日曜日の停止時の点検・清掃の必要性を強調したのみにとどまった。そのうえで、安定運転を阻害して、トラブルが頻発している機器については、設備の改善が必要であると結論付けた。

問題となっているアセトアルデヒドを主成分とした臭気対策に関しては、現状の除去能力の不備を明らかにした。そして、改善策として、燃焼脱臭方式によるボイラーの設置を推薦した。

さらに、方法として直接燃焼式と蓄熱式燃焼方式を提案した。しかし、この方式に燃料としてRDFを利用することは、これまで実績がなく、性能と運転状況を確認してからの選定が望ましいと提言した。一方で、現状の施設では実用にむずかしい課題が多くあるとの懸念も示した。

これに関して企業体はすでに、灯油ボイラーによる燃焼脱臭方式を持ち出している。六億円かかるという施設建設費は、企業体が負担するという条件もつけた。設置場所はセンターに隣接する西側空き地。ここに、煙突や配管、燃焼ボイラー、センターと同じ高さの煙突などを設置した脱臭装置をつけるという。ただし、経費上の問題から設備は、屋根部を設けず、すべて露出させるということだった。

しかし、この方式でアセトアルデヒドの脱臭は可能になっても、燃料の灯油は一トンあたり七〇リットルほどを使用、ＲＤＦ方式のごみ処理と同量になると試算した。つまり、この装置を設置することで、現状より二倍の灯油量を覚悟しなければならなくなった。費用的には年間一億七五〇〇万円の負担を強いられることになる。そのため、組合側も逡巡している。

また、評価委員会は保守関係の経費増のうち、設計上の計算を超える破砕機の刃の磨耗の激しさは、ごみの中に含まれる土砂、ガラス粉が主原因とした。刃の交換頻度の多さにもふれられた。それによると、企業体は破砕機の刃が磨耗してカットが不十分となり、ひも類の巻きつきが起こり、さらに次の工程の主反応機のシャフトにもからまる状態を防ぐためと理由をあげているが、これも維持・管理費を高くしていると指摘した。とりわけ、磨耗が最も早い二次破砕機対策としては、上流部に粒度選別機を設置して、土砂・ガラス粉の進入を抑制しなければならないとの案を出した。

主反応器にからまるゴミ

ごみをＲＤＦ状にする圧縮成形機内のダイ・ロールの単価上昇は、破損を避けるための品質向上、仕様の高級化と結論した。こうした問題を解決するには、ごみの選別システムへ、効果的に分離できる設備の追加を指摘した。現状では不完全な機器との判断を匂わせた。

重故障対策への回答では、これまでの数々のトラブルを検証した結果、部品の強度不足、機器類の不備が明確になった。具体的には可燃ごみと生石灰を混ぜる主反応機について、かくはん機のシャフトの激しい磨耗の改善を促した。また、主反応機と併せて、可燃ごみをＲＤＦにする圧縮成形機関係のバケットコンベアの著しい腐食現象にふれ、予測耐用年数を下回るとの見解を示し、うっかりするとバケットの転落といった重大なトラブルを引き起こすと警告した。

組合側は重大なトラブルについて、過去において設計ミスとなって撤去した破袋分別機（ＳＰＣ）のほか、大改造工事終了直後に発生した圧縮成形機のダイの破損事故も、心配していた。改造工事が終わった一カ月後、直径一メートル余、重さ五五〇キログラムのクロム合金製のダイが運転中に、五分の一程度がザックリとえぐられたように欠落してしまった。この事故は組合、そしてメーカーも予想外だった。

続いて二〇〇一年五月には、さらに大きな事故が発生した。センター五階部分に設置された、主力コンベアを動かす歯車のスプロケットシャフトと呼ばれる直径二〇センチの鋼鉄製の軸が、ねじ切れてしまった。特注部品だったため、在庫もなく、やむなく運転を休止、復旧に一週間を要した。

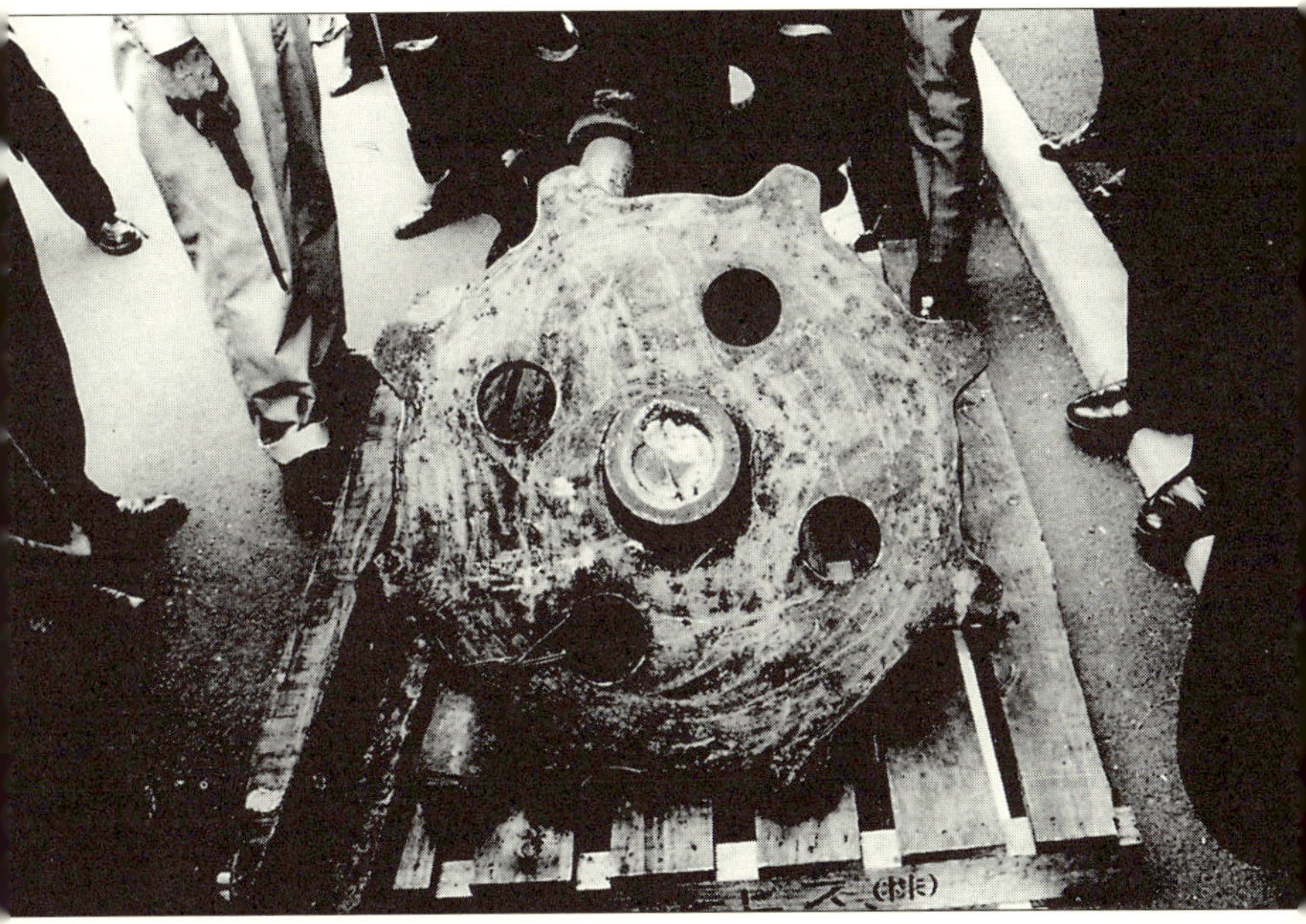

強度不足が原因でゴミを運ぶベルトコンベア
の折れた主軸

のちに企業体は事故原因をシャフトの強度不足と説明した。しかし、軸のねじ切れた部分は腐食が激しく、ごみの負荷と腐食で以前に小さな亀裂が入った様子がうかがえた。

ＲＤＦセンターの処理機、それぞれにかかる負荷は、いずれの部分でも極めて大きいと指摘されている。水分を含んだごみは、一階から地上三〇メートルある五階まで、びっしりと配置された機器類を利用して上下運動を繰り返している。ホッパー投入から三時間でごみはＲＤＦとなるが、この間はモーターを動力源とした機器類が、フル稼働している。

したがって、ごみの負荷を押し返すために投入する消費エネルギーは、電気代が示すとおり、相当な規模だ。

また、ＲＤＦの機器類の最大の弱点は、ごみに含まれる塩分で、これが過重な負荷に耐えている機器類の腐食と劣化を早めている。ごみを運ぶコンベア類は保証期間の一年前に交換を余儀なくされた。こうした問題も、今後の大きな課題で、シャフトやダイの予想外の破損と併せて、システムへの信頼性をいまも保証していない。

過去の事例を参考にしながら、評価委員会は、基幹設備の重故障が保証期間中に生じた点を重く見て、「設計上の瑕疵」と結論した。

大火災事故につながりかねない発煙対策に関しては、過去の事故を受けて温度センサー、ＣＯ濃度検知器、緊急水噴霧といった措置はとられているものの、相変わらず発煙トラブルが起きているとの実態を重視して、運転管理の対応だけでなく、設備や装置に更なる改善が必要な

RDFの圧縮成形機の壊れたダイ

点を明確にした。
最大懸案の余剰RDF問題では、当初計画していた日量十数トンを消費する小型ボイラーをセンター内に設置し、利用した場合、保守・管理の経費が相当かかり、灯油減量分は相殺されるとの厳しい見方をした。RDF燃焼による排出ガスのダイオキシン類抑制対応など、新たな課題が加わる点にもふれ、部分的な小細工は放棄して、本格的なRDFの外部消費対策が求められるとした。

報告書の結論としては、基幹設備の重故障への「瑕疵」、臭気対策の企業体による改善を求めている。特に臭気問題は引渡性能試験でも、適切に確認されているとは言いがたいとして、企業体に対して抜本的な改善措置を要求すべきであるとした。保守・点検整備費の破格な費用増は、システム上で土砂や瓦礫などが効果的に選別できない点をあげた。そこで、システム上の改善を企業体が実施するようにとの見解を示した。しかし、可燃ごみからこの異物を完全に除去するのは、至難の技との声もあり、解決は困難と見られている。

〔評価結果に落胆する組合議会〕

鳴り物入りで登場した評価委員会のこれら一連の結論を、組合議会の各議員はどう受け止めたのか。委員会の中間報告で、企業体責任の一部を指摘し、設備についても「瑕疵」を明らかにした経緯から、各議員は最終報告に大きな期待を寄せていた。つまり、暴騰する維持・管理費に対して施工した企業体にも、それなりの負担を求めてしかるべきである、といった評定が下ると思っていた。

だが、議員にとって結果は、「取らぬ狸の皮算用」に終わった。報告を聴いて部屋から出てきた議員の顔は、落胆以外の何物でもなかった。ある議員は、「こんな結論では、何一つ問題は解決しない。新たなリスクを負うだけ」と憤った。

議員にしてみれば、年度毎に経費が億単位で膨張していく施設に対して、はっきりとした企業責任を明確にしてもらいたいという意図があった。年度当初に目をむくような予算を提案され、まずいと思いつつ、立場上認めざるをえない状況に陥っていることもあり、企業責任を求めるのはまがりなりにも政治家としてのプライドであった。

特に、住民からＲＤＦに関して、「議員は対応にだらしない」との声が出始めている背景もあり、評価委員会が企業体を厳しく断罪してくれることを強く望んでいた。機種選定の段階で逡巡しながらも、結局は焼却式を放棄、未知数の部分が多かったＲＤＦを選択した経緯を正当化する意味からも、議員たちは、政治家としての大義名分、改選時の生き残りも視野に、評価委員会による企業責任の明確化に希望を寄せたのだった。

また、評価委員会では数人の議員から再三にわたり、指摘のあった「実証プラント」問題について、大改造工事終了後の九九年（平成十一年）一月に行なわれた引渡性能試験、同年三月の性能確認試験で処理量、ごみの資源化率八〇％を確認、組合側も同意しているとの過去の経緯が重視された。評価委員会はこれを根拠に、同年五月、企業体と当時の管理者の間で合意書が作成され、双方調印している事実から、性能の不備、実証プラントの根拠を示す資料が余りに少なく、無理があり、議員の言い分は認められないとの判断を示した。

さらに、議会側では、評価委員会が契約条項や導入時の議事録を重く見て、膨大な維持・管理費の一部企業体負担まで追求する結論を期待していた。しかし、評価委員会の回答は、技術的な問題点の抽出と改善策の指針を示すものであり、法的な責任を企業体に求める趣旨で検証していないとの見解を前段で強くうたい、議会の思惑は外れた。

〈疑惑が生じた評価委員会のメンバー〉

こうしてＲＤＦセンターのシステム全体に関する評価委員会の技術評価は、終了した。システムの一部に欠陥を認めるなど、委員会の結論に新しい展開を期待できる部分はあったものの、住民に対しての全体説明としては、不十分な印象と映った。

特に、天井知らずの維持・管理費について、これまで組合側から一方通行の予算を提示されていただけに、専門家の入った第三者機関で構成された評価委員会の裁断は注目され、一部企業体の負担が明確にされるとの思惑が強かった。しかし、委員会の報告書は、玉虫色に終わった。

この委員会の一連の流れを通し、後日、委員会と企業体との癒着《ゆちゃく》を指摘する住民の声が出た。事の発端は、委員会の委員長をはじめ、委員の中に、企業体も参入しているある団体のメンバーへ名を連ねている人物がいたという事実が分かったからだ。

その団体は財団法人・廃棄物研究財団の「RDF施設におけるダイオキシン類の生成に関する研究委員会」。委員長は早稲田大学理工学部の永田勝也教授が務め、委員にはRDFに精通している評価委員会委員長の横田静岡県立大学教授、同じく評価委員で㈶日本環境衛生センター環境工学部の藤吉秀昭次長が名を連ね、さらに協力委員としてJカトレルシステムの荏原製作所、石川島播磨重工業といった企業が参加している。この名簿を見ると、御殿場・小山RDFセンターの評価委員長の大学教授は団体の委員であり、アドバイザー的な立場で評価委員会に参加した環境団体の代表も、委員を務めている。委員会の目的は、RDFに含まれるダイオキシン類が燃焼時や焼却灰になった場合、どれほどの環境リスクを生じるのかを研究することにあるという。そのため、RDFの生成、燃焼結果のデータを収集して、検証していたと推測される。

もちろん、この委員会でRDFを燃焼させて、データを取るわけではなく、協力委員の自社施設でRDFを生産して、また、自社か、傘下の施設で燃焼させてダイオキシン類発生の記録を取るという手法だった。したがって、委員は協力委員からデータに関する情報を入手するため、頻繁に交流があると考えるのは当然である。強烈な癒着とは言わないまでも、そこにある種の、もちつもたれつの濃密な関係が成立してもおかしくない雰囲気は自然と醸成されるはずだ。

評価委員会の最終報告書で、冒頭、「本委員会はこれまでの経緯を整理し、技術的な観点から公平に施設の現状を評価し、今後の取るべき対応について提言することを目的としている」と明言し、企業体の施設に対する本質的な責任まで迫らなかったことは、うがった見方をすれば、背景にある企業体との関係を暗に匂わせていると言える。

こんな経過が分かるにつれて、ＲＤＦに関する、評価委員会の検証のある面については異議はないが、評価委員会のメンバーにＲＤＦの施工メーカーと癒着しやすい財団法人の委員が加わっている点について、住民からは不満も生じた。こんな委員では、公平な結論がでない、どこかで企業体に丸め込まれて、維持・管理費の一部企業体負担といった肝心な点で不利な結論が出るといった懸念があった。

この住民の不安は、最終報告書を見るかぎり概《おおむ》ね正解となった。評価委員会は企業体の技術的な欠陥や計画の甘さを一部で指摘したが、法的な判断はまったく示さなかった。評価いかんによっては法廷闘争までいき、白・黒をはっきりさせたいというＲＤＦを危惧《きぐ》する住民の期待は、肩すかしを食らった。結局、評価委員会へ調査報酬の八〇〇万円余を支払ったものの、住民が納得する結果は得られなかった。このため、組合側は、ごみの増量と維持・管理費の高騰、生産したＲＤＦの消費など難問中の難問を抱えたまま、さらに厳しい状況に追い込まれることになった。

第9章　ＲＤＦ生産・燃焼施設の設置に異議あり

〔ダイオキシン発生を心配〕

生産したＲＤＦの消費対策として、広域行政組合は共同企業体のアドバイスを受け入れて、管内消費に必死となった。背景には余剰が心配されるＲＤＦを前に、たとえ僅かな量でも、管内で消費しなければならないという逼迫《ひっぱく》した状況があった。

そこで、御殿場市内にある製薬会社研究所と温泉健康センターといった施設で燃料として使用するよう確約を取り付けた。ただし、管内消費に関しては、パートナーの小山町はまったく冷淡だった。「そもそもＲＤＦは小山町では反対だった。御殿場市の強引な説得に屈して選択せざるをえなかった」として、同町直営の温泉会館を建設する際にも、燃焼の一部にＲＤＦを使うことを受け入れなかった。

そのため、御殿場市だけで管内消費を考慮しなければならない立場に追い込まれた。その一環として、市内玉穂地区に計画された地区屋内プールでのＲＤＦ使用が浮上した。プール建設費用は東富士演習場がある関係で、ここに広大な土地を所有し、年間一〇億円を超す補償料を国から支給される権利者が設立した特別地方公共団体・玉穂財産区からの繰入金で賄うことに決まっていた。

温水プールの熱源の主流は、料金の安い深夜電力を使い、冬場は灯油ボイラーを追い焚き用に使用するという計画だった。ところが、ＲＤＦの余剰に窮した組合側は、ＲＤＦ導入を決めた当時の内海市長を通して強引にＲＤＦ燃焼併用のボイラー施設の設置を働きかけた。建設費を提供する玉穂財産区側は最初はためらったものの、事業を実施するには、財産区の金をいったん市の一般会計に繰り入れて、市長の決裁、市議会の議決を得なければならないという予算執行上の制約から、最終的には組合側、組合管理者の市長の要求を呑まざるをえなかった。

財産区資金の使途の弱みを巧みについたと言える。というのも、毎年十数億円が黙っていても国から振り込まれる演習場補償料の使途については、財産区が独自に執行できない仕組みが法律で規定されている。お金が絡む事業は、すべて市の一般会計を通して、市の事業としてしか執行できないという縛りがあった。そのため、財産区の管理責任者である市長の決裁が得られなければ、計画は頓挫するということだった。

その結果、管理者の市長は一億二〇〇〇万円のＲＤＦ燃焼ボイラーの設置を承諾させて、事業を認可した。

しかし、この安易な取り引きに、建設地周辺の住民から強烈な「待った」がかかった。ＲＤＦ燃焼に係わるダイオキシンの発生を恐れたからだ。プール建設の地元説明会が開かれた際、不安を持つ建設地周辺の住民は、健康へのリスクの増加、特に子どもたちに対する安全性の不安をあげてＲＤＦ燃焼を拒否した。それでも、行政側は広報紙などに細々としたデータを掲載し、理解を求めた。

市は、玉穂プールのＲＤＦボイラー施設が、日量最大二トン燃焼の小規模なものであり、国が示す基準値「五ナノグラム（一ナノグラムは一〇億分の一グラム）‐ＴＥＱ立方メートル）」以下に抑制されるので、環境へのリスクは問題ない、「安心していただける施設」と明言し、市の広報紙を通してＰＲした。

それによるとダイオキシン抑制の手段として、生石灰の添加による化学反応、ＲＤＦ燃焼をダイオキシンが分解しやすい八五〇度以上に維持し、かつダイオキシンの再合成防止装置、さらに活性炭やバクフィルターなどによる吸着ろ過によって、二重、三重の安全対策を施し、基準値以下を守ると説明した。

だが、こうした説明に、周辺住民は納得しなかった。基準値以下とはいえ、ダイオキシンが絶えず、排出されるからだ。

住民がＲＤＦの燃焼によってたとえ基準値以下にせよ、四六時中ダイオキシン類の汚染にさらされるという事態に強い異議を唱えた最大の理由は、プール周辺が住宅密集地であるだけでなく、プールから一〇〇メートル北東に小学校、幼稚園、そして南東五〇〇メートルに私立高校、さらに北側一キロメートルに中学校という文教施設が集中していたからだ。ここに子どもたちを通わせる保護者が、ＲＤＦ燃焼から出るダイオキシン類の影響をまともに受ける施設に大いなる不安を持ったのは、当然のことであった。

日量二〇トンを消費する製薬会社研究所のボイラーに関しては、国が二〇〇二年十二月から

図８　玉穂温水プール周辺

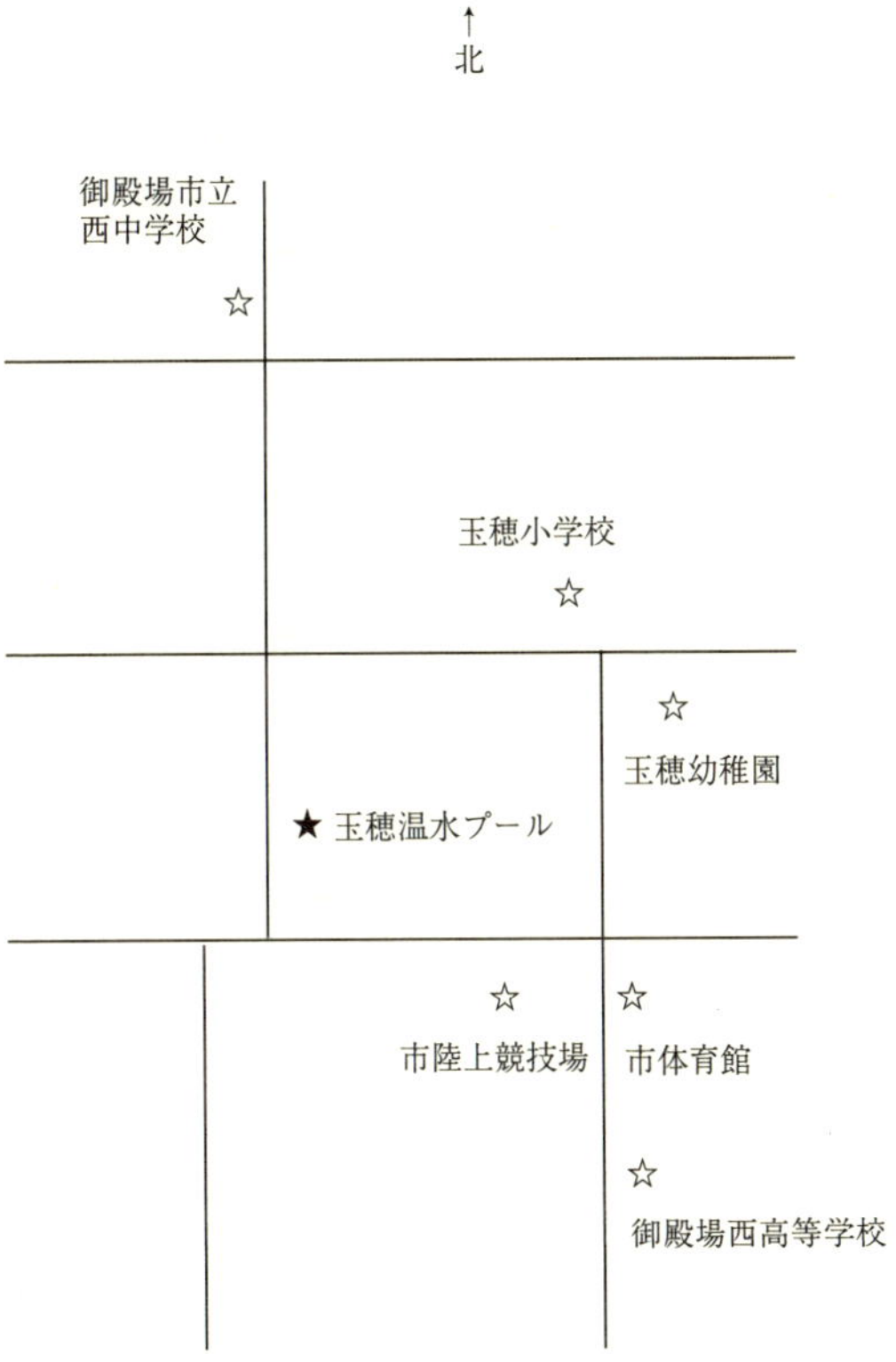

定める、一時間あたり四トン以上の焼却能力なので、ダイオキシン類の発生は〇・一ナノグラム以下に抑えられるとした。一時間あたり二トン未満の温泉センター、温水プールも五ナノグラム以下の値をはるかに下回る排出ガスであると説明した。

しかし、プールの周辺住民はこの数値による安全宣言をまったく信用しなかった。それというのも、製薬会社研究所も、温泉センターも地理的には、プールの風上に位置した場所にあり、さらに住宅の鼻先のプールでRDFが燃焼されれば、総体的なリスクは一層増えると判断したからだ。こうした施設が今後、市内の各所に次々と出現すれば、たとえ各施設がダイオキシン類の排出基準値以下を順守していても、全体的な汚染は回避できないと、周辺住民は訴えた。

また、プール建設に際して、景観への配慮を設計に大きく加味した結果、ボイラーの煙突は、美観を損ねるとして遠くからでも目立つ、一般的な高い円筒状のものを避けて、建物の一部、壁面に取り込んだこともあり、住民は、RDFを燃焼させれば、大気中に拡散されない、濃度の高いダイオキシン類がまともに住宅に流れ込んでくると主張した。

こうした心配があったにもかかわらず、市長が事業認可したことから、住民は怒った。プールと道路一本隔てたところに自宅があり、ダイオキシン類や環境ホルモン（内分泌かく乱合成化学物質）の人体への影響を、資料などを取り寄せて独自に調べている石川桂子さんは、即座に「ごみ固形燃料を考える会」を組織して、とりあえず、RDF燃焼をストップさせる署名運動を始めた。三児の母親として、「いまここでRDF燃焼を私たちが容認すれば、将来影響を受

ＲＤＦを利用する予定だった温水プール

けた子どもたちに申し訳が立たない」、それが署名運動の柱だった。

さらに、「考える会」では、九八年五月、市内の小学校で観測した大気中のダイオキシン類の調査結果で、春季と冬季に、国が示した指針値〇・八ピコグラム（一ピコグラムは一兆分の一グラム）を上回る一・〇ピコグラムが、また、冬季に保育園で一・三ピコグラムが検出された事実を重視、玉穂地区でのＲＤＦ燃焼は一層の環境リスクを伴うと確信して阻止を強く訴えた。

〈市長のダイオキシン見解に落胆〉

ＲＤＦ燃焼阻止の署名運動はプールを何とか建設したい一派の妨害にあいながらも、約一カ月間で周辺住民六二二三人と、さらに趣旨に賛同してくれた市内、そして市外の住民一九八二人、合わせて二六〇五人を集めるまでになった。事業執行まで間がないこともあり、一九九八年六月、石川さんはこの署名を持参して、何とかＲＤＦ燃焼だけは断念してくれるよう、陳情書を添えて当時の内海重忠市長宛、芹澤眞義市議会議長宛に提出した。

石川さんは陳情に際して、ダイオキシン類の大気汚染が、原因は不明としながらも県の調査によって、市内の観測地点で全国平均を上回り、かつ当時の環境庁の基準値を超えた事実を指摘して、危険性を訴えた。「排出基準値を満たしているから適正ではなく、これ以上の汚染を子どもや子孫に残すことはできない」の一念からだった。

だが、こうした「考える会」の必死の陳情に対して、RDF導入を決断してプールでのRDF燃焼を受諾させた内海市長は、「ダイオキシン除去対策が取られた施設より、市民のごみの野焼きの方がダイオキシンの発生につながる。また、ダイオキシンは大気よりも食べ物からの摂取が多い」と説明して、筋違いの抗議であるとの態度を露骨に示した。この見解に、石川さんは心底落胆した。市長は市民の健康管理、安全な生活を保証することを、ただRDF消費のため、やすやすと放棄したと感じたという。

石川さんにしてみれば、ダイオキシン類を含む環境ホルモンの影響が世界各所で発生して、生態系に異変を起こしている事実、あるいはベトナム戦争当時に使用された、ダイオキシン類を主成分とした枯れ葉剤による胎児への障害という証拠が如実に示されているにもかかわらず、市長が言った、野焼きの方がダイオキシンをもたらしているという言葉は、ことさら許せないものだった。

それでも、石川さんは挫《くじ》けることなく、プールでのRDF燃焼の危険性を訴え続けた。その粘り強い運動に加えて、実際は深夜電力で熱量のほぼ全体を賄える施設のシステムにも助けられて、RDF燃焼は極力抑制され、年間を通してほんのわずか、冬場の一時期だけ使用されるにとどめることができた。

その後、玉穂プールのRDFボイラーは、利用されなくなった。一度は炊いたものの、長期間使用されていなかったため、ボイラーの内部は炉壁をはじめ、痛みは進む一方で現状では廃炉寸前の状態だという。結局、ＲＤＦボイラー設置費一億二〇〇〇万円の公費は、捨てられたも同然となった。

〔ＲＤＦ燃焼への懸念は全国的――栃木県宇都宮市〕

ＲＤＦを燃焼させると、ダイオキシン類が発生するという心配は、広域的にごみＲＤＦ処理施設を導入しようとしている大都市の住民からも、次々と起こってきた。

栃木県宇都宮市では、九七年（平成九年）二月に突如、降って湧いたＲＤＦ処理施設とＲＤＦ燃焼によるごみ発電計画に、周辺住民が、「ノー」の声をあげた。この事業は、そもそも宇都宮市が企画したものではなく、栃木県企業庁が音頭取りとなり、周辺の自治体に広域ごみ処理を訴えて事業化を計画したものだ。周辺の市町村に、可燃ごみをＲＤＦ化してもらい、宇都宮市内のＲＤＦ燃焼施設で発電の燃料として利用、売電によっていずれ、施設などの減価償却を図るのがねらいだった。渡辺文雄知事自ら陣頭指揮にあたっただけに、企画立案までは順調だった。ところが、計画が発覚した時点で、関係住民の猛反発をくらった。

それというのもＲＤＦ燃焼施設は、県が造成して企業立地を期待した工業団地に建てることになっていたからだ。県は当初、公害問題も起こさない優良企業を誘致する腹づもりだった。だが、バブル経済の崩壊と共に、これが思うように進まなくなった。ならば、県自らがという発想でRDF発電を計画したという。

しかし、工業団地に隣接する清原地区の住民は、この突然のごみ燃焼施設の建設に異議を唱えた。この清原地区も御殿場市の玉穂地区をはるかに上回るほどの文教地区で、幼稚園から小・中学校、高校、大学まであるところだった。が然、女性たちがまず、RDF発電「ノー」ののろしをあげた。運動の先頭に立った大関朋子さんは、早速、「RDF問題・ごみ発電を考える会」を立ち上げて、反対の署名運動を展開した。

集まった署名は約三万六〇〇〇人。これを持って、大関さんたちは県知事に計画中止を求めた。さらに立案中の計画について、細かい部分での情報公開を要求した。しかし、県側は予想だにしなかった強い反対運動に、頑な態度をとるようになった。住民要望を受け入れるかのような素振りを見せながらも、肝心なところでは決して譲歩しなかった。

それでも、住民はコツコツと辛抱強く反対運動を継続させた。途中、家庭の事情などにより、運動の中枢から離れなければならない立場の人が出ても、後任が責任を持ってその役目を継承して、まさに雑草の如く粘った。

〈粘り強い住民運動で計画は中止〉

やはり、三万六〇〇〇人の署名の重さは、運動の支えとなった。「考える会」では、これに応えるかの如く、事業の見直しを県知事だけでなく、県議会に働きかける一方、一九九七年八月旧厚生省、旧通産省、旧環境庁など国の機関に、「総合的、体系的な廃棄物リサイクル立法を目指す」「ＲＤＦ燃焼施設への優遇措置をやめる」などの要望書を提出した。また、住民に対するＲＤＦ、ダイオキシン類に関する啓蒙を兼ねて、定期的にその道の専門家を招いて講演会を開き、知識の共有化を図った。

「考える会」ではＲＤＦ発電の費用対効果も検証した。住民が最も問題としたのは、独自でごみ処理施設を持つ宇都宮市の計画への不参加。それでも、県企業庁はごみ処理のＲＤＦ広域化を各市町村に呼びかけて、事業の実現を図った。

栃木県企業庁はごみ重量換算で日量六〇〇トン程度が確保できるＲＤＦ生産施設を、県内数カ所に建設して、三〇〇トンのＲＤＦを清原地区のＲＤＦ燃焼施設に供給してもらう計画でいた。公害については、清原地区のＲＤＦ燃焼施設では、燃焼によってもたらされる焼却灰についても、ダイオキシン汚染に考慮して灰溶融施設を併設して無害化を図り、なおかつ金属メタルやスラグなどを回収して、建築資材といった分野にリサイクルするため、極めて安全であると住民に説明した。

だが、住民側もこういった甘言に惑わされることなく、独自に調査して疑問点、計画の未熟さを追及していった。発電して電力会社に買ってもらうという発想は、電気事業法の改正に基づき、卸電力事業（ＩＰＰ）による余剰電力を電力会社が購入する場合、地方自治体の廃棄物発電には、工場や事業所などの自家発電よりも、特例措置によってやや高額になっている点が根拠だった。ここに目をつけた県企業庁は、将来的に十分採算がとれると判断した。

ところが、東京電力の購入単価は需要がピークを迎える夏季平日の昼間の時間帯ですら、一キロワット／時あたり、一一円八〇銭に過ぎない。深夜だと四円程度になる。これに対してRDFの発電コストは一キロワット／時あたり一四円程度というのが相場。とても採算がとれそうにない。ちなみに栃木県は九七年（平成九年）九月、RDF発電稼働を視野に、二〇〇二年（平成十四年）、二〇〇三年（平成十五年）分の東京電力の卸電力入札に自治体として初参加したものの、県が見込んだ入札額（正式には公表されず）は落札した川崎製鉄などの民間企業とは大きな差額が生じ、採算性に疑いがでてきた。

「考える会」では、こうした事実関係を一つ一つ積み上げて、計画の中止を粘り強く展開していった。

転機は意外な形で訪れた。二〇〇〇年秋、知事選が行なわれて、RDF推進派の渡辺文雄知事が、今市市長から立候補した新人の福田昭夫氏に大激戦の末、敗北したのだ。この知事選に関しても、清原地区の「考える会」は両候補者に公開質問状を提出し、RDF発電について見解を求めた。推進派の渡辺知事は、「優れた資源の再利用」と建設に理解を求めたのに対して、福田候補は、「RDFを製造する工程、それを燃やす手段は二重投資」と、導入に消極的な考えを示した。結局、新人はこうしたRDFに対する見解なども追い風となり、当選した。直後に新知事は、投資的リスク、費用対効果、あるいは環境への影響が多いＲＤＦ構想について、「やめる方向で検討したい」と、事実上、事業からの撤退を明言したのだった。

〔焼却がだめならＲＤＦではどうか――大阪府松原市〕

人口約一四万人、大阪市のベッドタウンの松原市では、一九七二年（昭和四十七年）にごみ焼却施設建設計画が持ち上がった。この時、立地先の若林地区や隣接する八尾市大正地区の住民らは、環境悪化を懸念して猛烈な反対運動を展開した。

計画地の地主の大方も運動に加わり、「土地は売らない」で抵抗した。市当局と住民の紛争は最高裁まで持ち込まれ、計画実施にあたっては住民の理解が必要といった付帯条件をつけられ、一応反対派の意見は通った。この結果、以後も市は現清掃センターが老朽化していることを理由に、新施設の建設を画策した。しかし、そのたびに地元住民の強い反発を招き、計画が頓挫したままとなっていた。

そこに登場したのが、ＲＤＦ施設である。ちょうど、ＲＤＦが新処理システムとしてマスコミ紙上でもよく報道されるようになった一九九六年だった。一九七四年の初当選時に、ごみ処理施設は建設しないとの公約をほごにして、若林地区の住民とゴタゴタを起こした当時の土橋忠昭市長は、早速ＲＤＦについての情報を集めた。寄せられる資料は、市長にとっては明るい展望が開けるものばかりだった。まず、ＲＤＦは燃やさないからダイオキシン類が発生しない、ごみが燃料としてリサイクルできる、ＲＤＦは管外の民間施設で焼却処理するので、最終処分場も延命化が図れる、など住民を説得するにはもってこいの材料がそろっていた。

そこで、松原市は「まつばらリサイクルセンター」建設を打ち出した。だが、住民も黙っていなかった。独自に、ごみ処理施設とダイオキシンの関係を調査している関西ダイオキシンネットの資料を集めたり、専門的知識を持つ大学教授の講演、あるいは類似施設の視察を実施して、問題点を抽出していった。こうして集めた資料をもとに、疑問点を行政にぶつけた。しかし、回答は住民を納得させるにはほど遠い内容で、住民はますます行政不信とＲＤＦへの危機感を強めていった。結果、ＲＤＦでも、絶対受け入れないという意思統一が固まった。

それでも、松原市の土橋市長は、計画を強引に進めた。日量最大一五〇トン、御殿場・小山ＲＤＦセンターと同規模の施設建設を、「安心・安全」をキャッチフレーズに広報紙などを使って各戸に配布した。さらに、大阪府都市計画地方審議会にＲＤＦ計画を提出して承認を求め、許可を取り付けた。

〔事業を進めるため説明会を計画〕

松原市は隣接地の八尾市大正地区などの住民の理解を得るため、八尾市役所を経由しないで独断で説明会開催のビラを配布した。ところが、これに大正地区の住民は猛反発した。RDF施設の建設地は、大和川を挟んで大正地区から一〇〇メートルほどの地点に予定されている。そのため、この地区の人たちはダイオキシンや粉じんの発生、また、騒音などの公害を心配し、立地される松原市の若林地区と連帯し、反対していた。

しかし、松原市側はたとえ小人数でも関係住民に説明さえすれば、事業は承認されたことになるという思惑があった。危機感を抱いた大正地区では、説明会を阻止するため、松原市が用意した会場周辺に反対住民を派遣して入口だけでなく、建物全体を二重、三重に取り囲んで事情がわからない住民が中に入れないようにした。結局、説明のため待機した松原市の職員は総スカンを食らうことになり、肝心の説明会も成立しなかった。

大正地区はこれだけでは不十分として、反対署名運動を開始した。短期間で七万三〇〇〇人が署名してくれた。意を強くした住民は、さらに松原市の反対派、あるいは隣の藤井寺市の反対住民とも連携して、「事業の不許可」裁定を要求し、計画撤回の行政指導を求める要望書を大阪府知事宛に提出した。この勢いに、大阪府都市計画地方審議会も、事業認可の条件として、「事業実施にあたっては住民に環境対策など事業内容を十分説明し、理解を得ること」などとする付帯意見をつけた。

地元をはじめ、周辺住民に対する事業説明会が開催されない以上、事業実施は不可能な状態に追い込まれた。こうして若林地区のごみ闘争三〇年の根性が、RDF施設の建設を断念させた。

RDF阻止の背景には、最初にRDFありきの行政の考え方に、住民が不信感を持った点にあった。生ごみの堆肥化やプラスチック類の分別といった減量政策が手ぬるいまま、リサイクルという名のもとに計画だけが先行してきたことも、大きな要因だった。現に松原市の若林地区ではRDF建設予定地の地主が、反対住民と協力して用地内で生ごみの堆肥化と有機野菜づくりなどを展開して減量の大切さを恒常的に訴えていた。

この運動は処理よりも、まずごみとは何か、何をごみとして排出するのかを住民に根本的に考えさせる契機となった。それが、RDF施設への危惧を助長させたといっても過言ではなかった。

松原市でも二〇〇一年六月に、RDF推進の多選市長が退き、中野孝則新市長が就任すると、RDF問題は凍結状態となった。

〔疲弊する石炭産業に代わりRDF発電――福岡県大牟田市〕

かつて、黒いダイヤとして日本の戦後復興に貢献してきた石炭の街・福岡県大牟田市。ここでも、地域産業の活性化を旗印にRDF計画が急浮上した。大牟田市の計画は壮大で、国庫補助金が事業費の五〇％まで支給されるという「エコタウン構想」である。

阿蘇町、菊池市といった隣の熊本県の自治体まで含めた二八市町村でＲＤＦを生産、大牟田市の拠点燃焼施設に運び込んでＲＤＦ発電をして、売電事業を展開するというもの。ＲＤＦ燃焼施設は日量三一五トン、うち、大牟田市などの広域事業組合が二〇〇トンを約束、残りを周辺に依存する仕組みとなっている。この施設が計画通り稼働すると排出される日量五〇〇トンの可燃ごみが処理されることになる。

事業化に際して、まず大牟田市は発電のためのボイラーの実証プラントを北九州に設置してデータを集めている電源開発、さらにはごみ処理広域化を推進する福岡県を取り込み、エコタウンを第三セクターで運営するための法人を二〇〇〇年に設立した。事業計画は、低迷する石炭産業への国の助成措置もカウントして、行政側は市民負担は少ないと説明した。

このエコタウン構想は、有明海を埋め立てた三井化学の所有地七〇ヘクタールにＲＤＦ生産施設、ＲＤＦ燃焼による発電所、焼却灰処理の溶融・資源化施設、粗大・不燃ごみ処理場、建築廃材、廃プラスチック、廃油などのリサイクル関連施設などを建設する計画だ。総事業費約七〇〇億円が見込まれている。

〔土壌から高濃度のダイオキシン類が検出〕

だが、ここでもダイオキシンに始まる環境問題が、関係市民の間で取り沙汰された。というのも、二〇〇〇年八月に大牟田市内を流れる大牟田川の水や、隣接する三井化学の工場の土壌から、環境基準をはるかに上回るダイオキシン類が検出され、騒然となったからだ。土壌からは環境基準（一グラムあたり一〇〇〇ピコグラム以下＝一ピコは一兆分の一グラム）を五倍近く上回る最高四六〇〇ピコグラムのダイオキシン類が検出された。また、地下水からも一リットルあたり八・三ピコグラム（環境基準は一リットルあたり一ピコグラム以下）という高い値が出た。

エコタウン計画が行政主導で推進される中、市民はこのダイオキシン汚染に驚くとともに、危機感を持った。これ以上、他県や県内市町村のごみを集積してダイオキシン類を排出する恐れのあるRDF施設はいらない、との声をあげた。こうして、「大牟田RDFを考える母の会」、「グリーンコープ生活協同組合ちくご」、「おおむた市民オンブズマン」など五つの市民団体が結束して、同年八月に「環境ネット・有明」（平山隆子代表）を立ち上げて、行政に対してRDF生産、RDF燃焼・発電の安全性に関する情報開示を強く求めた。しかしながら、当初、提供された情報は誠に貧弱なもので、とうてい市民を納得させる内容ではなかった。

これに不満を持った市民は、独自に民間機関へ市内のダイオキシン汚染などの環境アセスメント調査を依頼した。そしてこの調査資料などをもとに、行政が出した安全宣言に疑問を投げかけた。また、「市民オンブズマン」は、炭鉱閉山後に対応して創設されたレジャーランド「ネイブルランド」が失敗に終わり、その多額の負債のため、市職員がいまも賃金カットを受けている状況、市の弱い財政力指数、高い公債比率など財政面での問題も指摘し、計画の中止を求めた。また、母親たち、生協グループは処理方式を先行させるより、ごみの排出抑制、分別によるリサイクルといった政策の展開が重要で、環境負荷の大きいエコタウンは、いらないと要請した。各団体はこれらの声を共同意見書として、同年八月末、市に提出した。

これに対して市は、二〇〇〇年二月に作成した市廃棄物処理施設専門委員会の意見を参考にした見解集を示して、事業への住民理解は得られたと説明した。見解集では、まず、エコタウンが企業誘致による新規雇用の確保、施設建設に伴う投資効果や関連産業の育成、ベンチャー企業の創出など、多大な経済効果があるとした。さらに、高効率発電によって売電収入を確保し、市町村の負担を軽減することにつながるというメリットもあげた。ダイオキシン類の発生については、適切な対策や管理により排出ガスの濃度を安全値以下に保てるため、安心との回答だった。

この行政の安全宣言により、ＲＤＦ生産、燃焼・発電施設の初期工事の請負契約が成立し、二〇〇〇年十月、川崎重工と石川島播磨とのジョイント・ベンチャーによる約八三億円の事業はスタートした。

〔市民団体の不安が的中〕

ところが、市民団体「環境ネット・有明」の心配事が現実味を帯びてきた。大牟田市では二〇〇二年（平成十四年）十月から、ＲＤＦ生産と発電施設の試運転を開始した。ＲＤＦ燃焼灰はエコタウンの用地内に設けられる溶融・再資源化施設で、金属メタルやスラグなどに仕分けしてリサイクルされることになっていた。しかし、これを請け負うことになっていた民間処理業者が、事業からの撤退を明らかにしたのだ。採算性がとれないためだった。

十二月からの本稼働を前に困窮した市は、緊急措置として三池精錬所の高炉で、ＲＤＦ焼却灰をセメント材料のスラグに変えるよう措置した。ただ、この処理委託費は莫大な金額だった。当初予定していた業者には一トンあたり四五〇〇円余で処理してもらうことになっていたが、三池精錬所では三万一一四〇円となった。

市では、計画を前にＲＤＦ発電の収支見通しを公表し、一五年間で四億円の黒字を計上できるとうたった。しかし、二〇〇三年三月末までの緊急措置の期間中、三池精練所に委託する灰の量は七二四五トンにのぼり、処理委託費は二億二五六〇万円となる。当初予定していた民間の処理業者との差額は、一億三八七〇万円の支出増だ。「環境ネット・有明」は、とても黒字どころではなく、さらに状況が改善されなければ、事態は一層深刻となり、抜き差しならない財政負担は免れないと、機関紙で市民に強く訴えている。

発電所は二〇〇二年十二月の操業開始以来、ＲＤＦ貯蔵槽での火災事故など一年間で五回のトラブルが発生し、約六〇日間の稼働停止に追い込まれた。「環境ネット・有明」ではこうした一連の事故、また、三重県多度町の爆発・火災による死亡事故を指摘して、施設の実態を知らせるチラシを新聞の折り込みに入れて市民に危険性を呼びかけている。

〔企業城下町・広島県福山市でもＲＤＦ発電〕

広島県東部の福山市は、県が推進するエコタウン事業に真先に手をあげた。同市は日本鋼管（ＮＫＫ）福山製鉄所と関連企業を抱える企業城下町だが、バブル崩壊や鉄鋼不況で街全体に往時の活況はない。

ここでもエコタウンによる新たな経済環境の創出を狙い、事業認可の動きが活発化した。二〇〇〇年（平成十二年）五月には、県の肝いりでＲＤＦ生産と燃焼、発電施設を運営する第三セクター方式の会社を設立した。資本金は一六億円で、まず、広島県と福山市、電源開発㈱、財団法人広島県環境保全公社の四者が、八億円を出資、次年度に、福山市以外の参加一七市町村が残りを負担することになっていた。

計画ではＲＤＦ生産施設を福山市と参加市町村に設置、ここで生産されたＲＤＦを回収して福山市の発電施設で燃焼させて売電事業として成立させる。二〇〇四年度（平成十六年度）当初からの稼働を目指し、施設規模はＲＤＦ燃焼で日量最大三九〇トン。福山市の可燃ごみは一日あたり最大予測で、三五〇トン。これをＲＤＦにすると、二一〇トンとなり、残り一八〇トンを府中市や近隣市町村に求める。

焼却灰も溶融化して金属メタルやスラグを回収、資源リサイクルを図っていく。福山市では、心配されるダイオキシン類の排出対策は万全で、住民の健康は十分確保できると説明した。また、費用対効果についても、発電力は一日二万三〇〇〇キロワットあり、これを売電すれば、見込まれる総事業費約一六〇億円は、稼働後向こう一五年間で回収できるという判断を示した。

しかし、計画が浮上してから、ＲＤＦ燃焼によるダイオキシンの排出、あるいはＲＤＦ生産に要する膨大なエネルギーなどに疑問を持つ市民団体は、計画中止を求める運動を開始した。「環境ネットワーク・びんご」、「福山の環境を守る会」、「エコタウン福山を考える会」のほか、府中市の市民団体も巻き込んで、ごみ発電にストップをかけようと動き出している。

ＲＤＦに苦戦している各地の自治体に関する報道資料や市民団体の独自調査結果などを収集して、行政に懸命に働きかけるものの、行政のガードは固い。既にＮＫＫが使用済みプラスチックを粉砕し、製鉄高炉に吹き込んで鉄鉱石の酸素を除去して鉄にする際に使う還元剤に利用する「高炉原料化事業」を実施しているほか、食品トレイのリサイクル事業を全国展開する企業の本社が操業しているといった背景から、市民の疑問は行政に反映されにくい状況にある。

また、既存の清掃センター、リサイクルプラザの受注にＮＫＫが絡んでいることもあり、行政と大企業のもたれあい体質の中、市政に市民が参画する構図はなかなか構築されそうにない。

福山エコタウンは事業認可され、稼働に向けた工事が始まった。総事業費は二一三億円にのぼった。ＲＤＦ発電所を受注したのはＮＫＫと川崎製鉄が合併して設立したＪＦＥエンジニアリング。RDF生産施設は同社と荏原製作所の共同企業体で、消石灰を利用するRMJ方式が採用された。だが、二〇〇二年度（平成十四年度）から稼働を始めた府中市や大竹市のRDF生産施設では、発煙や火災事故が発生して住民に不安を与えている。そのため、環境団体は、操業を始めた福山市の処理能力日量三五〇トンのRDF生産施設、さらに日量最大三一〇トンのRDF発電施設に対する疑心を深めている。

〈RDF発電で死者二人〉

夢のリサイクルだったRDFが、とうとう最悪の事態を引き起こした。二〇〇三年（平成十五年）八月十九日、三重県多度《たど》町力尾の「三重ごみ固形燃料（RDF）発電所」（施工・富士電機）のRDF貯蔵槽が爆発し、消防士二人が死亡、作業員一人が負傷した。

一九九五年（平成七年）、北川正恭知事（当時）自らが環境先進県をスローガンに掲げた三重県は、知事を先頭に「RDF全国自治体会議」を提唱して、九八年五月には、知事が初代議長に就任、国に対して一般廃棄物のRDF化とこれを使った発電を積極的に働きかけて事業化を推進した。その結果、県主導のもと県内六九市町村のうち、二六市町村が一般廃棄物のRDF化に踏み切り、七カ所のRDF化施設が建設された。

ここから生産されるRDFを一括収集して、燃料として利用していたのが、多度町の発電所だ。三重県は約九三億円の巨費を投じて発電所を富士電機の施工で建設、二〇〇二年十二月から、運転に入った。施設内にはＲＤＦをストックしておくため、二〇〇〇トンの貯蔵槽一基も設置された。

しかし、いざ発電所が稼働を始めると、トラブルが相次いだ。運転開始から一カ月もたたない十二月二十三日にはＲＤＦが貯蔵槽で異常発酵して蒸し焼き状態になった。また、発電施設のタービン軸受けの損傷や、給水ポンプの不具合も発生して、結局、翌年三月に予定していた施設の引き渡しを二〇〇三年八月まで延期して、メーカーの富士電機に改善を実施させていた。

死亡事故はこうした状況の中、発生した。同発電所では死亡事故の直前、十四日未明にも爆発が起こり、四人が負傷するという事故があり、消防士らは貯蔵槽内でくすぶり続けていたＲＤＦに直接放水して消火作業にあたっていた。

死亡した一人の消防士は貯蔵槽の重さ約一〇トンの屋根ごと約二〇〇メートル吹き飛ばされ、ほぼ即死の状態だったという。爆発の凄まじさが伝わってくる。三重県では事故発生を受け、事故調査専門委員会（委員長・笠倉忠夫豊橋技術科学大学技術開発センター科学技術コーディネーター）を設置して原因の究明と再発防止を図るため、報告書をまとめた。

報告書では、七月から八月にかけて発生した発電所ＲＤＦ貯蔵槽での発熱・発火・爆発について、結論を出した。発熱については、貯蔵槽は空気が流入しうる構造であり、また、定期点検時にＲＤＦが完全に排出されていなかったうえ、さらに倉庫で長期保管されていたＲＤＦも投入されていたため、結露などにより局所的な水分の集中が起こり、RDFが吸湿して有機物が発酵、発熱につながったとしている。

発火に関しては、事故当時、大量のRDFが貯蔵槽内にあり、極めて熱が逃げにくい状況のうえ、加えて有機物の化学的酸化による自己発熱で高温となったためとしている。爆発の原因としては、貯蔵槽内が長期間にわたる自己発熱で高温状態にあり、様々な反応により、可燃性ガスが発生し、RDFを抜き出した空隙や上部の空間に、可燃性ガスが充満したところに、何らかの火源により起こったと結論した。

事故の背景にも言及した。第一原因として、RDFを長期・大量に保管した実績がなく、RDFが条件によって発熱し、発火するという性状認識に欠けていたこと、二〇〇二年十二月の事故の際、原因の究明と安全対策が不徹底であり、非常時を想定した安全対策が確立されていなかった点が指摘されている。

環境省でも、「ごみ固形燃料適正管理検討会」が二〇〇三年十二月二十五日付で調査結果をまとめ、ガイドラインを設けて、関係する都道府県知事宛に通達した。RDFの製造、利用に関する指針では水分を一〇%以下に抑制、破砕や成形、乾燥工程では熱感知器や計測装置、消火設備の設置などを義務付けている。

経済産業省でも、この件で調査ワーキンググループを設置、RDFの品質管理、長期保存の回避、発熱・発火・爆発防止対策の必要性を指摘している。総務省消防庁でも同様の措置を適用して、日常の安全管理に努めるよう求めた。また、消防機関、第三者機関による安全性の確保にも言及した。

しかし、こうした国の対応は、消防士二人が死亡するという重大事故が起こってから、初めて行なわれたもので、遅きに失したと言わざるをえない。RDF施設では、御殿場・小山のようにRDF製造中の発煙・発火、火災、爆発事故が頻繁に起こっていた。とりわけ、御殿場・小山は、九九年（平成十一年）五月の乾燥機内の火災発生の再発防止に関して、万全の体制を設けた。発熱・発火・爆発の懸念のある設備の周辺には、温度センサーやCO感知器、自動散水装置、消火栓などを設置した。また、センター職員、消防署、さらに施工メーカーの三者による防災対策マニュアルを作成し、その都度不具合な点を見直し、防災訓練も実施していた。

国は三重県での事故を契機に、全国の同様施設に対して過去の事故についての報告書の提出を求め、御殿場・小山もこれに応じて九九年五月の乾燥機内の火災発生をはじめ、各種の事故を詳細に報告をしている。国の集計によれば、全国の二〇カ所近い施設で、過去に発煙・発火・爆発事故が起こっていたという（図3参照）。日量最大一五〇トン処理という、当時、国内最大の施設だった御殿場・小山の事故事例を、補助金を付けた国側が早い段階で感知し、危機意識を持つに至れば、三重県の死亡事故は回避できたのではないのかという気がする。

RDFをはじめ、国は一般廃棄物処理施設に対して、巨額な補助金を拠出して支援している。また、処理の広域化を促し、三重県のようなRDF発電、あるいはガス化溶融を推進してきた。

だが、双方ともたかだか一〇年程度の実績しかなく、各所で重大なトラブルが起こっていた。にもかかわらず、国は新技術へ補助金を出しただけで、施設完成後の稼働状態の調査、あるいはトラブルについての追跡調査を怠っていた。

三重県での死亡事故は、技術力を過信するメーカーや、所管する行政の危機管理意識の不在、補助金丸投げの国の無責任な体質から生まれた人災といった側面もある。また、三重県の事故では、その後の調査でRDF貯蔵槽は当初、五〇〇トン用を四基設置することになっていたという。それが、メーカーのコスト削減策で二〇〇〇トン用一基に集約された。ここにも発注側と受注側の危機感の喪失がみえる。

ただ、RDF事故の根本の原因は、RDFを国がある時は「燃料」、またある時は「ごみ」といった具合に、双方を都合のよいように使い分けていた点も指摘されている。そのため、重大事故が起こらなければ、腰を上げないという無責任な土壌が生まれてしまった。

〔三重県の事故を教訓に消火訓練〕

三重県多度町のRDF発電所のRDF貯蔵槽が爆発、炎上して消火にあたっていた消防署員二人が死亡した事故は、管内に御殿場・小山RDFセンターをもつ御殿場市小山町消防本部に新たな危機感をもたらした。

同本部では九九年五月、センターの乾燥機で火災が発生して緊急出動した経験があった。この火災では、幸い死傷者もなく、消火作業もスピーディーに運んで機器類への被害も比較的少なかった。その後の復旧工事では再発防止のため、一酸化炭素（ＣＯ）検知器や温度センサーを追加設置して安全対策を施した。

しかし、三重県の事故によって、消防の現場から改めて安全対策を洗い直す声が上がった。同本部の長田喜勝予防課長は、「三重県では消防署員二人が死亡した。万が一の時、より少ない被害で署員の安全を確保したい」と危機管理の再検討の必要性を指摘した。

その結果、九月下旬、センター会議室で広域行政組合事務局、センター、消防本部の各職員がＲＤＦ発煙時の対応マニュアル作成について協議した。会議には共同企業体の現場担当も出席し、「安全に関しては最優先させます。三重県の事故は同じプラントメーカーとして非常に残念。安全についてはトップからも指示を受けています」と全面協力を申し出た。

対応マニュアルはシステム中、発煙、発火が起こりやすい主反応機、圧縮成形機、乾燥機、サイロ（ＲＤＦ貯蔵槽）の四カ所を重点的に作成された。そこでまず、ＣＯの異常レベルを従来と比較して下げた値で「高警報」とすることを決定。また、異常を検知した場合の対応も見直した。中央監視室での操作と現場での作業や確認を今回、分離して役割分担をはっきりとさせた。

このうち、中央監視室では機器類の稼働停止などに関して、自動と手動を明確に文書化して、誤動作を防ぐことにした。また、現場は中央監視室からの指示に従って、すべて手動で対応するよう改めた。

発煙や発火で最も危険となるCO対策については、九九年五月の火災で火元となった乾燥機はCO濃度の値が一〇〇ppmとなった時点で、「高警報」を出すよう改善された。この時、値が下がらないようならば乾燥機と関連機器類を緊急停止させることにした。現場では中央監視室からの指示があるまで爆発を回避するため、点検口を不用意に開けないで、手動供給水弁を「開」とすることにした。さらにCO値が五〇〇ppmに達して、「高高警報」発生となった場合は、すべてのラインを緊急停止させるよう改めた。

サイロでの対応は、CO値が八〇〇ppmで「高警報」として、四カ所の分析計のCO値を確認する。一〇〇〇ppmになった場合は、関連システムを停止させる。この時もサイロの点検口は開けずに、点検口に消火栓を接続して消火することにした。センターでこうした異常発生が起これば、自動的に警備会社に通報され、同時に消防署にも出動を要請する。

粉砕した可燃ごみと生石灰を混合させる主反応機、RDFをつくる圧縮成形機でもCO値の警報によって、乾燥機などと同様の対応マニュアルとした。消火後の排出物も安全のため、一昼夜、ダンピンクボックス前に放置して消火を完全に確認したのち、ごみピットへ再投入する手順に改定した。三重県で問題となった可燃性ガスやCO対策に有効とされる不活性ガス（窒素ガス）噴射装置の設置も検討されたが、土・日曜日ごとに行なう機器の点検の際、誤作動による作業員の窒息死事故を恐れて見合わせることにした。

マニュアルは再度、細部が詰められて文書化され、関係部署に配布された。そこで、消防本部はこのマニュアルに基づいた消火訓練を十二月三日、実施した。訓練にはセンター職員二六人、消防署員二二人、それに共同企業体からも四人が参加した。出動車両ははしご車一台のほか、ポンプ車など六台。

訓練は午後二時三十分ごろ、三階中央監視室のモニター画面にＲＤＦ貯蔵サイロのＣＯ濃度が上昇している異常が表示された状況を想定した。上昇はとまらず、八〇〇ｐｐｍを突破して「高警報」のブザーが作動、全職員はいったん中央監視室に集合して、それぞれの役割分担を確認、現場に散った。

早速、現場の職員が火災場所を探索した結果、Ａサイロであることが分かった。そこで、サイロに消火栓を接続して、次の指示を待った。しかし、ＣＯ値は依然上昇を続け、一〇〇〇ｐｐｍを突破して「高高警報」が鳴った。そのため、熱源炉、循環ファンの停止に移った。だが、Ａサイロ点検口付近で発熱、発煙が発生したことから、火災報知器を鳴らす一方で、初期消火に向けてサイロ内への放水を開始した。それでも消火が不可能となり、消防署に出動を要請した。サイロは一基の容量が二〇〇立方メートルで約一〇〇トンのＲＤＦを貯蔵できる。これが二基あり、本格的な火災に発展すれば、三重県のように容易に消火できない事態になると指摘されていた。

急行した消防署員は、ガス発生に備えて背中に空気呼吸器を装着して火災現場に突入した。ただちに消火には入り、火災発生場所を確認してから一七分で鎮火させた。訓練終了後、消防長は講評で、「先にマニュアルを見直した。今回の訓練目的はマニュアル通りに全員が動けるか、また、消防機関の行動がスムースに運ぶかの二点にあったが、うまくいったとの報告がきている。今回の訓練を通じてさらに見直す点があると思うので、検討を加えてマニュアルを完璧なものにしたい」と、なお一層の危機管理の徹底を促した。

〔RDFを含めてエコタウン事業が続々と登場〕

エコタウン計画は大牟田市や福山市の例を挙げるまでもなく、ここ数年間で急速に広がっている。国が打ち出した資源循環型社会形成推進基本法の施行もあり、廃棄物を処分ではなくリサイクルしようという動きが自治体で高まっている。この事業を誘致した自治体は、疲弊した産業界に新たな視点による活性化をもたらし、新規雇用や施設建設への資本投下、ニュービジネスの誕生といった経済効果を指摘する。

ところが、エコタウンに疑問を持つ人たちは、この発想は詭弁《きべん》であると批判する。エコタウンはとどのつまり、ごみの大集積地を創出するというだけだというのである。そもそも廃棄物は処理が重要ではなく、排出抑制、あるいは製造段階からごみとならないような製品をつくるといった社会システムの構築が大切で、次々と生産される、ごみ予備軍にリサイクルの美名を冠したからといって、環境全体に対する負荷は増大すると、現況のリサイクルシステムに異議を唱えている。

何十種類もあるペットボトルやトレイ、アルミ缶、スチール缶にはリサイクルマークが表示され、資源回収を呼びかけてはいる。しかし、これらのものはサーマルリサイクルとして燃料へ転用されるか、マテリアルリサイクルとして鉄やアルミの状態に戻されるが、回収率も悪くコスト的にも環境負荷的にも問題が多い。

ここが日本のリサイクルシステムの盲点で、企業にはどんどん製品を作らせて、未消化な部分の多いリサイクルシステムだけを法令化して循環型社会としてしまった。拡大生産者責任、デポジット制度といった問題を棚上げして、ただ排出されるものをエコタウンのような大規模廃棄物集積地で処理して、なおかつ経済効果を期待するという手法は、昭和四十年代の高度経済成長と何ら変わらない発想と言える。

法の施行により、各自治体ではペットボトルやトレイを回収してリサイクルに回しているが、この経費は自治体が七割も負担しなければならない仕組みになっている。リサイクルとして一所懸命集めれば集めるほど、住民からの税金で運営している自治体の負担が増加していくという構図は、やはりどこか不自然な観がする。

「リサイクル」「エコ」といった美名に潜む不条理な世界ができあがってしまっている。

第10章　ごみ処理——原点へ帰る

〔ごみ袋有料化で減量を達成〕

ＲＤＦセンターの維持・管理費の膨張は、部品代や保守・点検の委託費、ＲＤＦの処理手数料に大きな要因がある一方で、毎年増え続けるごみ量によるところも見逃せない。ごみ一トンあたりの処理経費が、約五万円を必要とする現実は、センターにとって、その増減は大いなる関心事だった。

これは、御殿場市にとって、さらに重要な問題をはらんでいた。同市では増える一方のごみ対策として、資源循環型社会の構築を目指し、一九九四年（平成六年）六月から資源回収を目的に缶、びん、古紙（ダンボール、雑誌、新聞紙）の五分別収集を開始した。また、トレイやペットボトルの拠点回収をスタートさせた。その結果、排出量は前年度と比べて、可燃ごみが約一〇％、不燃ごみは四五％減り、リサイクルへの市民意識も変わってきた。

この流れを受けて翌年七月からは、増大するごみ処理料に対して受益者に一部負担を求めるため、有料市指定ごみ袋制度を導入した。指定袋の枚数が限定されたこともあり、可燃ごみは対前年度比三〇％を超す、三〇〇〇トンを削減できた。不燃ごみも約二八％、五二〇トン減らすことができた。九六年度では、市民の減量意識の向上と、限定枚数を超えると、七倍から一〇倍になる指定袋の破格の値段が功を奏して、前年度と比べて可燃ごみは七四〇トン、不燃ごみは一七〇トン減らせた。

しかし、五分別収集、有料化制度の効用は、これを導入した自治体の多くが体験したとおり、二、三年程度しかもたなかった。御殿場市の場合、有料化導入当初は、一枚二〇円前後と格安で買える有料指定袋の枚数が可燃ごみで年間八〇枚、不燃ごみで二〇枚と限られていたことから、市民は極力減量に努めていた。可燃ごみの収集は年九六回、不燃ごみは二四回に対して、袋はこれに満たない枚数だったことが大きかった。一枚一五円程度の格安の値段でごみ袋が購入できる市発行のチケットがなくなると、袋の値段は一枚あたり七倍から一〇倍に跳ね上がった。袋は一〇枚セットのため、最も大きな四五リットル入りは一枚一五〇円、セット価格で一五〇〇円となり、家計を脅かした。

だが、九七年度になると、市民は毎日のごみに音をあげて、高価となる袋購入も増えていった。その結果、可燃ごみは約六〇〇トンの増量になった。さらに、ごみ増加に追い打ちをかけたのがＲＤＦ処理による、排出基準の見直しだった。

九八年四月から、それまで不燃扱いだったプラスチック類やゴム類、皮革類が可燃へと移行した。これに伴い、御殿場市では可燃ごみが増えることを予想して、市指定ごみ袋の枚数制限を変更した。市民からも、「袋が足りない」「全世帯一律の枚数は不公平」といった不満が出ていたことも、背景にあった。

そこで、市長から枚数に関する諮問を受けた市ごみ減量等推進審議会は、可燃ごみ袋枚数をそれまでの八〇枚から一〇〇枚に、不燃ごみは従来通りの二〇枚、計一二〇枚とする答申を提出した。排出量が多かった可燃ごみの袋が、大幅に増加されたことを市民は歓迎した。

〈RDFによる収集変更でごみが急増〉

ＲＤＦ方式の採用に伴い、御殿場市と小山町では従来の資源五分割を維持しつつも可燃、不燃ごみの排出基準を変更し、イラスト入りのチラシを全戸配布して周知を図った。チラシにはそれまで不燃扱いだった様々なプラスチック類や長靴、ズックなどのゴム類も可燃に回すよう呼びかけていた。御殿場市では指定袋の枚数が増えたこともあり、この回収方法に異論はでなかった。かえって、住民からは、「ごみの排出が簡単になった」「何でもＯＫなのね」といった、資源循環型を構築するには危ない発言も飛び出していた。

そして、ＲＤＦ方式による収集が始まった。結果は想像を超えた、厳しいものだった。九八年度（平成十年度）一一カ月間の御殿場市のＲＤＦセンターごみは、ざっと一万九〇〇〇トン、前年度よりも約三五〇〇トンの増加となった。小山町でも五五五〇トンと九四〇トンも増える結果となった。これにより、ＲＤＦセンター処理は日量平均八五トンとなり、焼却時代の七〇トンを大幅に上回る結果を招き、維持・管理費の負担増の引き金となった。

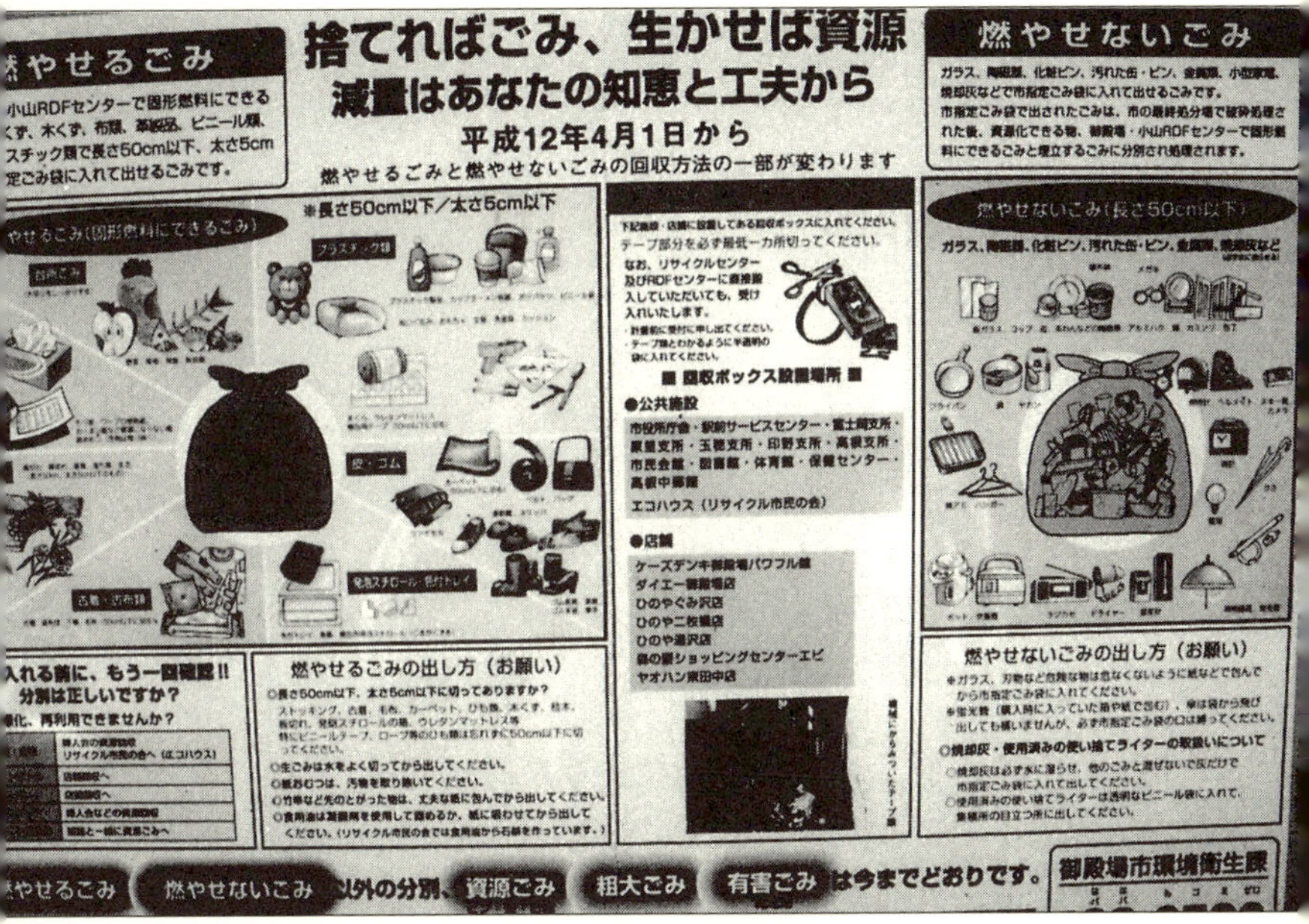

ＲＤＦ導入で変更されたごみの排出基準表

可燃ごみの増加傾向は、翌年度も続いた。御殿場市が指定袋の枚数を可燃一二〇枚、不燃二〇枚に、改めて変更したことも、大きな要因だった。御殿場市は一年間で一万九九二〇トン、小山町は六一三五トンとなり、センター総量は前年度を一五五〇トン上回る、伸び率六・二％の二万六五六〇トンとなった。日平均の処理量も、八八・五トンとなり、ジワジワと維持・管理費の高騰を促してきた。

ごみが増えれば、それは当然だった。二〇〇〇年度（平成十二年度）は御殿場市で、対前年度比九・八一％の増、一九五〇トン増えた。幸い、小山町では一〇〇トンが減り、全体では七・一％、一八六〇トンの増加となったものの、年を追うごとに数億円単位で増え続けるセンターの維持・管理費は、両市町の財政運営を脅かしていた。

ＲＤＦセンターの財政運営が深刻な状況を迎えた中、二期八年間の内海市長の三期目を目指す市長選が、二〇〇一年一月二十二日に告示された（第七章参照）。選挙戦では官僚出身の現職内海市長に対して、前市幹部職員で新人の長田開蔵候補は当初、圧倒的な不利が伝えられた。現職の強み、初回当選の驚異的な得票数など、あらゆる面から、知名度のない新人は苦戦を強いられ、「勝負にならない」とさえ言われた。

そこで、長田候補は危険な賭けに出た。打ち出した公約は、ＲＤＦの問題解決と、課題となっていたごみ減量に逆行しかねない「市指定袋の無料化」だった。市民の負担を軽減すると主張したが、無料化はごみの大幅な増量につながると、環境に取り組んでいる団体から、痛烈な批判を浴びた。しかし、投票結果は四〇〇〇票の大差で、新人候補が当選してしまった。

公約に無料化を掲げた以上、これを実現しなければ政治家としての力量が問われることは十分に知りながらも、長田新市長は当初、実施に逡巡した。無料化を導入すれば、ごみ量は飛躍的に増加することは明らかだったからだ。

事実、市長当選後の二〇〇一年度を見ると、RDFセンターに持ち込まれたごみ総量は、二万三六〇〇トンで、対前年比七・八％増、一七〇〇トンも増えてしまった。小山町と合わせると、三万二九〇トンで減量を実施するには厳しい状況にさらされていた。それでも、市長はこの年の市議会三月定例会の議員による一般質問で、「平成十四年度から実施したい」との方針を示した。

〔無料化に待ったをかけた懇談会〕

そこで、公約実施のため、長田市長はまず、「指定ごみ袋無料化等懇談会」を、二〇〇一年（平成十三年）五月に発足させた。会長に学識経験者として静岡県立大の松下秀鶴名誉教授を選出、地区代表、年代別女性代表、公募などにより、委員一七人を委嘱した。

初会合では、冒頭、会長が、「御殿場市は富士山を控えた環境豊かな所。懇談会では民意を重視し、最初に無料化ありきではなく、減量化に向けた施策を展開できる結果を導きたい」と

表7　御殿場市ごみ袋無料化懇談会が示した可燃ごみ減量の目標数値

単位トン

	2002年度	2003年度	2004年度	2005年度	2006年度	2007年度
全市民対象	1,500	1,500	1,500	1,500	1,500	1,500
処理機購入	400	900	1,400	1,800	2,300	2,800
堆肥化推進	800	1,600	2,400	3,200	4,000	4,800
事業系対策	1,100	2,300	3,400	3,400	3,400	3,400
合計	3,800	6,300	8,700	9,900	11,200	12,500
ごみ総量	23,700	25,500	26,600	28,000	29,000	31,000

趣旨を説明した。続いての意見交換では、各委員から、「無料化によってごみが増量するようでは、意味がない。ごみ処理サービスの低下を招かず、大減量につながる方策が必要」との発言が大勢を占めて、市民の負担軽減に名を借りた無料化に一定の歯止めをかけた。

これには、過去、処理費の一部受益者負担を原則に有料化を導入した当時、市民の間で賛否両論の激しい議論が交わされた経緯が強く働いていた。市主催の区説明会が公民館などで約六〇回開かれたが、会場内は、「袋の有料化など、とんでもない」と激しく担当の市職員に迫る反対派と、「抑制策には有料化しかない。ごみにばかり税金を使うわけにはいかない」と理解を示す市民との間に険悪な空気が流れた。暴言が飛び出しても、相手を怒鳴ることのできない市職員は、連日の説明会で心身共にすっかり消耗しきっていた。

それから七年して、一定の減量成果も発揮され、市民も有料化に理解を示し、指定袋が定着した時期に、再び無料化に戻すことはあまりにも大きなリスクが予想された。

表8　審議会が示した可燃ごみ減量の目標数値

単位トン

	2002年度	2003年度	2004年度	2005年度	2006年度	2007年度
全市民を対象	1,509	1,509	1,509	1,509	1,509	1,509
生ごみ堆肥化	194	388	582	776	970	1,164
処理機の購入	207	414	621	828	1,035	1,242
ペットボトル	99	99	99	99	99	99
プラスチック				1,158	1,158	1,158
合計	2,009	2,410	2,811	4,370	4,771	5,172

懇談会はその後、月一回の会合をもち、減量施策を中心に議論を重ねた。特に、RDFセンターの維持・管理費の高騰を受けて、可燃ごみについては一般家庭、事業系、直接搬入など性質別に調査して、減量対策を練った。委員の中には、環境団体に所属してリサイクル運動に取り組んでいる女性など、ごみ問題に熱心な人がかなり参加していたこともあり、議論は白熱した。

懇談会は最終的な意見調整を図り、提言書にまとめて市長へ報告した。内容は無料化を急ぐ市長にとっては、厳しいものだった。会長は、「委員のほぼ全員がごみの極端な増量を懸念して、無料化には反対だった。そこで、ごみの排出抑制とリサイクルによる減量を六年間で達成させ、この結果によって無料化にしなさいとの意見で合意した」と、早急な実施に「待った」をかけた。

さらに、懇談会では可燃ごみの減量目標値を示して、これに沿った政策を展開して、実績値を確認してからでも遅くないとの提案を出した。全市民を対象に減量を呼びかけ、毎年一五〇〇トンを減らす案や、平行して生ごみ処理機の普及、あるいは現在、農村部で取り入れている微生物を使った生ごみの堆肥化の拡大を提示した。

また、可燃ごみ全体の四〇％近くを占める、全国でも稀な事業系ごみに対する抑制策も出した。事業所に分別マニュアル書を配布して、リサイクルを励行させる一方、手数料のアップも図らなければならないといった意見も添付した。可燃ごみ減量の目標値は二〇〇二年度（平成十四年度）で合計三八〇〇トン、二〇〇三年度（平成十五年度）で六三〇〇トンと、毎年ハードルを高くしていって、二〇〇六年度（平成十八年度）には一万トンの大台に乗せ、ごみ総量の約四〇％となる一万一二〇〇トンの減量目標を掲げた。最終の二〇〇七年度（平成十九年度）は市民一五〇〇トン、処理機二八〇〇トン、堆肥化四八〇〇トン、事業系抑制三四〇〇トンとして、合計一万二五〇〇トンの減量目標値を示した。

この提言に対して、市長は、「ごみは大きな社会問題で当市も積極的に取り組んでいる。減量を前提とした無料化を公約したが、提言では減量化を確認したのちに実施との指摘。会の趣旨をふまえて、実現に努力したい」とやや落胆の表情で会長の提言に答えた。

〔ごみ減量等推進審議会は無料化を答申〕

市長は、「減量に努め、一定の期間を置いたのちに無料化」という指定ごみ袋無料化等懇談会の提言を尊重しながらも、政治家としての公約責任も重視していた。そこで、十月に「市ごみ減量等推進審議会」（会長・勝又孝志市区長会長）に、「指定ごみ袋の無料化等について」を諮問した。

審議会のメンバーは区長など自治会、婦人会、環境衛生自治推進協会、ごみ減量等推進委員、許可業者、環境の国際規格「ＩＳＯ１４００１」を取得している企業などの代表一五人。

審議の段階では、懇談会同様、無料化によるごみの増加を懸念する声があった。しかし、広域行政という枠組みでＲＤＦ処理している小山町が、無料となっている点も指摘され、不公平な面もあるとの見解も示された。三回の審議の結果、各委員間の意見を集約して、結論を出し、十一月に市長に答申した。

内容は、袋は無料化するものの、現在各世帯に有料で配布している枚数一四〇枚に限り、無料とし、これを超えた場合は排出者責任で有料にするとした。過剰な排出に一応のブレーキをかけた。

ただ、無料化による増量に配慮して、当局に対して減量化対策事業の積極的な取り組みを約束させた。具体的なごみ減量数値を明記して、懇談会同様、二〇〇二年度から向こう六年間で展開する様々な事業について、排出抑制量、リサイクル量を定めた。まず、市民がすぐにできる対策として、一人一日あたり五〇グラムの減量を提案した。生ごみの水切り、レジ袋の代わりにマイバックの持参、生ごみの堆肥化推進などを呼びかける必要性を強く訴えた。

堆肥化については、これまで敬遠されていた商業住宅地域を主体に、モデル地区の設定といった方策を講ずるよう求めた。この事業はすぐにスタートした。既に、二〇〇〇年度から試行的に小規模ながら、生ごみ堆肥化を進めていたNPO法人「エコハウス御殿場」（勝又さつき理事長）があったことから、話を持ちかけた。

そこで、中心市街地の商店街を選んで、まず八〇世帯に協力してもらった。指定のバケツをごみ集積所に設置する一方、各世帯には植物繊維から製造した生分解性の袋を支給した。この袋は自然に溶けて堆肥に同化される性質を持っているため、採用された。回収量は月平均一・二トン程度だったが、生ごみに金属類の異物混入もそれほどなく、運動は順調だった。

これを受けて、NPO法人は市の助成を仰ぎ、二〇〇二年七月から事業の拡大を図った。同じく商店街の人口密集地区で五二〇世帯を対象に、堆肥化を実施することにした。当初は排出者が水切りなどに不十分だったため、回収に苦労したものの、その後改善もあり、現在では月平均五トン前後を、回収して微生物の入ったボカシを利用、堆肥に還元している。

四カ月間で生産された堆肥は、一五〇キログラム。これを生ごみを回収した商店街に還元して、地域の花壇の土壌改良に利用してもらっている。この堆肥化はいまのところ、微々たるものだが、NPOではさらに賛同者を募り、徐々に規模を広げたいという。

このNPOの理想は、街ぐるみで生ごみの堆肥に取り組んでいる山形県長井市のシステム。ここでは生産した堆肥を農家で利用してもらっているが、ユニークなのは収穫した野菜は、長井市の市街地の人たちが朝市などで購入してくれることになっている。現地を視察したNPOの人たちは、現地の人から味も良く、アッという間に売り切れになってしまうという話も聞いた。「食」の安全性が揺らいでいる昨今、NPOでは堆肥化運動を通して、「地産地消」にも目を向けたいという。

堆肥化はまだ、微量なものの、将来的にはRDFの経費削減に大きなカギを握っている。同市では今後、NPOだけに頼らず、行政サイドでも、さらにこの運動を拡大させ、従業員のための大食堂を抱える事業所にも積極的に奨励したいとしている。市でも各家庭が手近な堆肥化に取り組めるよう、生ごみ処理機に対して、補助金の枠を拡大させて運動の浸透を図ることにした。分別収集も現状をさらに強化させて、リサイクル率のアップを強調した。

ペットボトルの回収拠点を現在の五〇カ所から三倍の一五〇カ所に増設する案、また、二〇〇五年度（平成十七年度）からの稼働を予定しているリサイクルプラザを使って、プラスチック製容器包装やビニール・プラスチック類の再資源化を図るため、市民への啓発運動も準備している。

ごみの減量は初年度の二〇〇二年度（平成十四年度）で、市民一人ひとりの減量が約一五〇〇トン、生ごみ堆肥化で二〇〇トン近く、生ごみ処理機が約二〇〇トン、ペットボトルは九九トンで、計二〇〇〇トンを超す減量を示した。リサイクルプラザが稼働する二〇〇五年度は、市民の減量は現状を推移するが、生ごみの堆肥化は年度ごとの推進で約七八〇トン、生ごみ処理機の普及で約八三〇トンを見込んでいる。ペットボトルは現状のままとした。プラザの操業により、プラスチック類の回収を一一六〇トンと予測し、全体で四三七〇トンをRDF処理に回さないですむとしている。

二〇〇六年度（平成十八年度）は生ごみの堆肥化と処理機による減量の上乗せが図られ、総減量は四七七〇トン、二〇〇七年度も同様のパターンが続くと見て、五一七二トンの減量を試算した。これらを達成させるため、二〇〇二年度には事業系生ごみ処理機に対して、一五〇万円を限度とする補助金も創設した。堆肥化で使うボカシにも購入費の二分の一を助成する施策の展開も示した。

〔市議会は賛成多数で無料化を可決〕

ごみの増加に引っ掛かりながらも、長田市長は二〇〇二年度（平成十四年度）からの無料化を目指して、二〇〇一年十二月の市議会定例会に市指定ごみ袋の無料化に伴う条例改正案を上程した。議案は問題の重要性から、市議会社会文教委員会（委員六人）に付託された。

委員会では有料化が全国的に進む中、無料化は時代に逆行するばかりでなく、大幅なごみ増加を招き、余剰RDFの在庫量にも影響するといった意見と、無料化により市民の負担が減り、減量に成功すれば素晴らしい政策であり、異論はないといった発言もあり、合意形成はむずかしかった。

結局、委員会の採決では三人が反対、二人が賛成となり、否決された。ただ、規則で採決に加わることのできない委員長は、ほかの委員から見解を問われたことから、個人的な意見としては賛成である、と答えた。委員会が割れたまま、議案は本会議の席で決着を見ることになった。

当初、議会（定数二六・欠員二）の中は市長選のしこりから与党は圧倒的に少なかった。半分を超す議員が、選挙戦で前市長の陣営に加わった事情もあり、議案は否決の可能性が高かった。採決前の一般質問でも、保守系野党議員が痛烈に議案批判と市長の政治姿勢に不信感を示し、市長は防戦一本槍の形だった。

市長の形勢が不利な中、会期最終日の採決を迎えた議場は、開会当初から異様な熱気に包まれ、ざわついた。前夜、賛成派の自民、民主党系の「新生」「黎明」「政友」「鐘駿」（各二人）、反対派の自民党系の「あけぼの」（九人）「さわやか」（五人）に分かれた各会派間で水面下の取り込み合戦が繰り広げられたという。採決の前、反対討論に二人、賛成討論に三人が立つという異例な事態も展開された。

討論が終了し、議長は賛成議員の起立を求めた。その結果、賛成一五人、反対九人、欠席一人となり、条例改正案は原案通り可決された。議場から出てきた市長は、「公約を理解してもらい、良かった。今後は四月からの減量化に努めるため、市民に協力をお願いする。委員会では否決されたが、いろいろな考えもあり、それだけみなさんも真剣になっていると認識している」と大きな山場を越えた安堵感に包まれていた。

議会の採決には後日談がある。というのも、野党議員の何人かが、賛成に回り、これが火種となり、翌年二月の正副議長選にも影響した。「裏切った」「俺は信念を通しただけ」といった言葉が飛び交い、その後、野党最大会派、第二会派から脱会者がでるという事態も起こった。現在もこの時のシコリを議会内に残すほど、ごみ袋問題は大きかった。

無料化案は可決され、四月からの実施が決まったが、市長は減量というハイリスクを背負うことになった。

〔無料化に向けて説明会を開催〕

指定袋の無料化が議会を通過したことで、御殿場市では二〇〇二年の年明け早々から、無料化とセットになった減量に対して、市民の理解を得るため、説明会を企画した。趣旨を浸透させるため、五、六の自治会単位での開催のほか、時間の都合で参加できなかった人たちのために、改めて会場を設けるなどの配慮をした。

説明会を前に、ごみ担当の市職員は、これまでの有料化の流れから、当然厳しい意見が出ることを予想していた。これを覚悟して、初回は市の中心商店街を対象に開いた。ごみ袋の無料化といった、ごみへの関心の高まりもあり、会場はほぼ満員の盛況だった。職員が一通り、無料化の仕組みや、先に示した減量目標値に言及して、ＲＤＦセンターへの負荷の軽減をも併せて、全面的な協力を申し出た。

職員は手厳しい批判を想定していたが、結果は拍子抜けしたものとなった。文句はおろか、むしろ無料化となる以上、減量には率先して取り組まなければならないといった声も飛び出し、有料化導入当時とは、まるで異なった雰囲気になった。この傾向はその後も頻繁にあり、市職員は、ごみ問題が市民の生活の一部になりつつあるとの実感を持ったという。

この好感触を背景に、いよいよ二〇〇二年（平成十四年）四月から、指定袋の無料化がスタートした。同市では、説明会の順調な流れ、広報紙によるＰＲもあり、減量化は徐々ではあるが、確実に進むと思っていた。

だが、結果は惨憺たるものだった。四月期、ＲＤＦセンターに持ち込まれた同市の可燃ごみ総量は、二〇六五トン、対前年同期比一五六トンの超過だった。隣の小山町も二七トンの増加となり、全体では約一八〇トン増、前年同期比七・三一％の伸び率となった。

この数値に、無料化に反対の議員は、「それ見たことか」と陰口をたたき、市長の公約を票取り目的の軽薄な発想と指弾した。ここにきて、市長も本腰を据えて、ごみ減量に取り組まなければならない立場となった。危機感に追い立てられるように、市長はごみ担当の環境課に対して、善後策を講じるよう厳命した。

そこで、環境課では増加の要因を探った。翌五月を減量集中月間として、即効性の高い施策を模索した。ところが、ＲＤＦセンターでは非常事態が発生していた。大型連休のゴールデンウィーク明けの七日、センターの搬入量が過去最高の三三六トンにのぼった。前年同期の三〇〇トンをはるかに上回る量だった。

センターの日量最大の処理能力一五〇トンの倍以上のごみは、ピット内に収まらず、一部がプラットホームにあふれだすという事態に陥った。結果的には、稼働を一日一五時間から二四時間態勢に切り替え、処理にあたる方法しかなかった。

一方、この異例な増量を含めて、ごみ全体を調査していた環境課では、増える要因を徹底的に分析した。答えは簡単に出た。七日に搬入されたごみの排出元を探ると、家庭系が一二五トンだったのに対して、事業系は一〇九トンに及んでいた。四五％を占める事業系ごみの排出は、専門家が指摘する通り、全国的にも極めて稀で、特異な傾向と結論付けられた。

事業系ごみの増量は、国内最大のアウトレット・モールのオープンや急成長した地ビールレストランといった観光施設からの搬入量を加味しても、やはり異常な伸びを示していた。ここ数年間にわたる同市の事業系ごみの推移を見ると、九八年度（平成十年度）は六七〇〇トンだった。しかし、九九年度（平成十一年度）は七・五四％増の七二〇〇トンに、さらに二〇〇〇年度（平成十二年度）は前年度を一四％上回る八二二〇トンに達した。二〇〇一年度（平成十三年度）も減少に歯止めがかからず、一一・三％増えて、九一五〇トンを記録した。

処理しきれずあふれるごみ

〔逆境の中、ごみの減量に成功〕

この現実を前に、環境課は減量月間のキャンペーンの一環として、まず、事業系のごみ収集にあたる許可業者について、適正収集やＲＤＦセンターでの指導を実施した。すると、五月分はゴールデンウィーク明けの異常事態があったにもかかわらず、前年同期を七・一二トン下回るという好結果が出た。

担当者は減量が行政指導による一過性のものなのか、判断に迷いながらも、ＲＤＦセンターへの負荷が一・六三％減ったことは前代未聞であり、減量はやればできるという信念を強化させる切っ掛けになったと見た。

この小さな減量効果は、無料化導入でハイリスクを負った市長を元気づけた。ならば一層の減量をと、六月をごみ減量・環境月間キャンペーンとして、自ら先頭に立って、排出抑制を強く訴えた。六月に入ると直ぐに、ごみ減量決起大会を開き、収集業務に携わる職員を前に、減量への市民理解に向けて最大限の努力を期待し、背中の部分に「地球の資源を大切に」と書かれたジャンパーを支給して、奮闘を促した。

また、「ごみダイエットチャレンジ50・一人一日50グラムのごみ減量」をうたったステッカーを全戸配布して、何が何でも減量を成功させるという意気込みを見せた。

増加の一途をたどっていたごみが減量するという現象は、ごみ収集を担当する現場、あるいは維持・管理費の暴騰で住民から白い目で見られているRDFセンターの職員を勇気づけた。

キャンペーンの初日、市長は早朝、ごみ関係の職員を前に、「ごみは毎年七、八％の勢いで増え続けている。二〇〇一年度では二万九〇〇〇トンだったが二〇〇二年度は三万二〇〇〇トンが予想されている。何とかして歯止めをかけたい。それには市民一人一日五〇グラムの減量を呼びかけ、排出量を二〇〇一年度ベース、あるいはそれ以下を達成したい。ごみを一トン減らせば、ＲＤＦ経費を約五万円節減できる」と強い決意を示した。

それでもキャンペーンスタート時は、大きな減量効果はなかった。そこで一計を案じた環境課は、非常事態宣言を市長に進言して、対応策を提案、認められた。減量への対応策は、簡単なものだった。ＲＤＦセンターへ搬入されるごみを、ピット投入前に手選別でチェックすることだった。

センターの職員だけでは、人数が足らなかったため、管理職、あるいは男女関係なく、職員全員を対象に一日七人態勢のローテーションを組んで、センターに派遣した。職員たちはピット横に設置したダンピング・ボックス内に、パッカー車が運んできたごみを吐き出してもらい、とび口や手鎌などを使って異物が混入していないか、ルール違反はないかを丹念にチェックした。

作業現場は暑さも加わり、異臭と腐敗ごみの汁が漂う、劣悪な環境となった。それでも、作業服にマスク、ヘルメット、長靴に身ごしらえした職員はモクモクとチェックにあたった。ある職員は、「一日いると下着まで臭いがつく」とこぼしていたが、作業の手は休めなかった。非常事態に、職員も危機感が浸透してきていた。

この最もオーソドックスな、ごみ処理の原点とも言える人海戦術が、結果を出した。六月分を集計すると、二二七三トンとなり、対前年同期と比べて二九一トンの減量となった。一一・三六％減という驚異的な減量率だった。

この結果を受けて、環境課では職員がチェックしたごみ質の分析、あるいはルール違反の事例などを詳しく検証していった。また、減量が著しかった分野についても、調査した。

やはり、最も減った分野は、許可業者の事業系ごみだった。入口調査でも、許可業者の中には、製造過程で出たプラスチックや紙束など、明らかに産業廃棄物となるごみを持ち込んだ事例が幾つかあった。その都度、注意して悪質な場合は、持ち帰らせていた。また、数回ルール違反した業者には、担当のトップが責任者を市役所に呼び出して、業務改善書と始末書を提出させせた。大量のアルミ缶を搬入しようとした業者については、徹底的に油を絞った。

許可業者が持ち込む事業系ごみの増量について環境課では、こう分析している。燃焼式当時は、炉の耐火煉瓦の関係で、カロリーの高いプラスチック類、ビニール類は持ち込めなかった。ところが、ＲＤＦ方式となり、これが許可されるようになった。

この変更に加えて、センターでの処理手数料の安さも増加を招いたとされている。処理業者

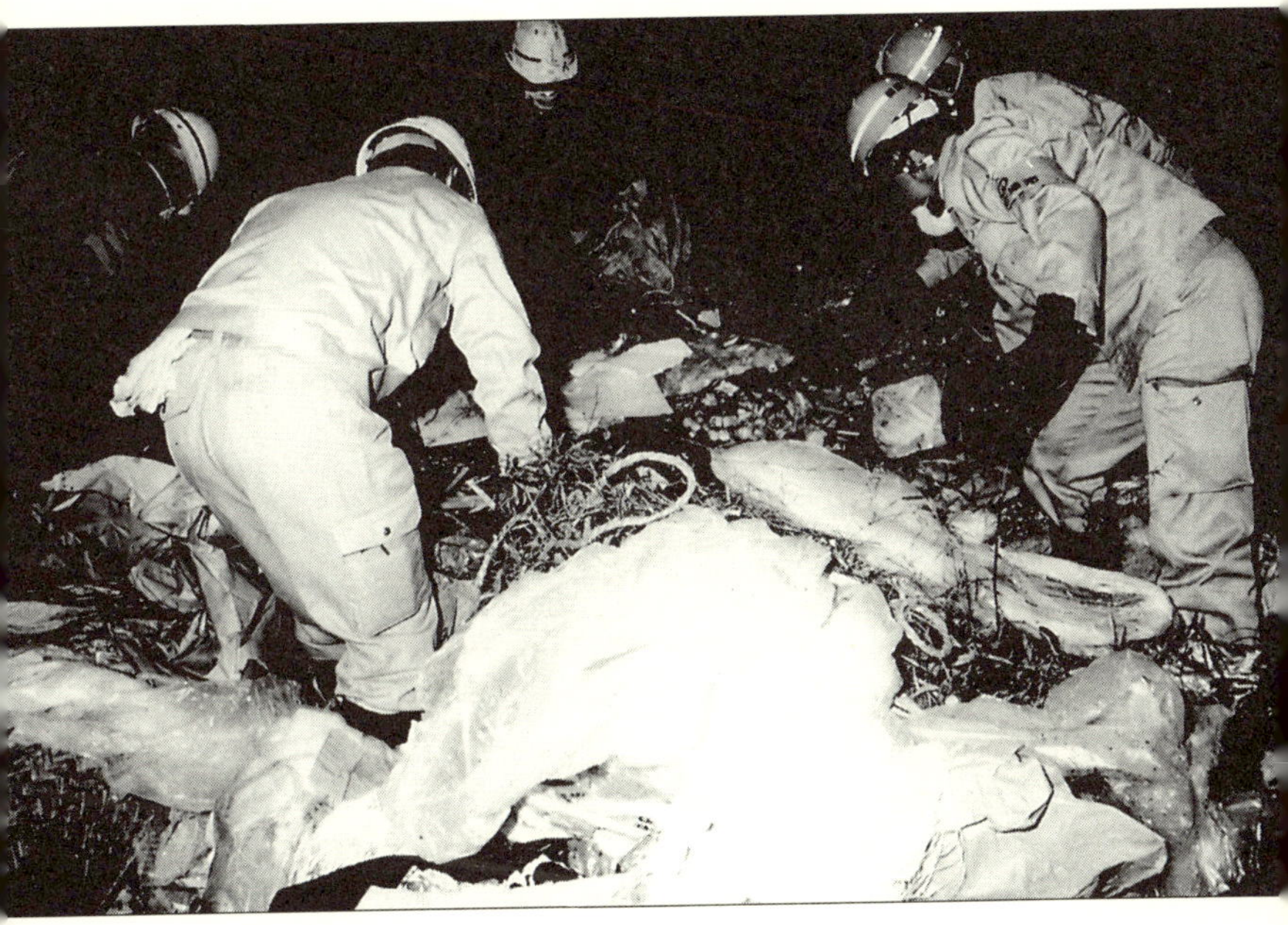

ゴミの手選別作業

は廃棄物の性質によっては、一立方メートルトンあたり四、五万円の処理費を事業所から受け取っているケースもあるという。この廃棄物をRDFセンターに持ち込めば、安価な手数料で処理してもらえる。センターでは一般市民も許可業者も、一律一〇キロあたり一〇〇円の手数料を徴収している。

プラスチック類は体積がかさむわりには、重量はそれほどない。センターは重量換算となるので、格安の手数料で引き取ってもらえる。今回の調査でも、この隙間につけ込んでルール違反となった業者が十数件あったため、環境課ではここも要注意とした。

六月の大幅な減量を契機にその後、ごみは減り続けた。七月期も前年と比べて五〇トンのマイナスとなった。八月期も三一トン、九月期も二八トンの減少で、ごみ処理費の一部負担を市民に求めるという有料化から無料化に切り換えたにもかかわらず、減量に成功するという全国でも例を見ない現象が起こった。行楽シーズンの十月期は毎年、ごみが一時的に増える月だったが、二〇〇二年（平成十四年）は逆に一〇一トンも減ってしまった。結局、五月から十月まで六カ月間に、約五〇八トンの減量となった。RDFセンターの経費が、二五四〇万円も節約できたことになる。

この間、職員はずっとRDFセンターで手選別にかかわっていた。そのため、許可業者もルール違反をしなくなった。一方で、環境課は事業所などを訪問して、廃棄物の分別・減量への協力をお願いし、また、産業廃棄物についてはマニフェスト制度の励行を呼びかけた。

長期的な減量は、行政が危機管理に迫られ、きれいごとではなく、なりふり構わず、ごみと格闘した成果だった。とかく市職員は市民から悪口を言われがちだが、「毎日たいへんだね」と評価する声も出始めた。また、職員自身も、文字通り、「ごみ戦争」を体験して、「ごみの実態が良くわかった。やはり、行政としても排出抑制、減量を広くＰＲし、自らも取り組まなければならない点を痛感した」「まだまだペットボトルや雑誌、トレイといった資源ごみが混入している。市民にもっと分別を呼びかけなければ」と、この現場実習を評価している。

結局、二〇〇二年度一年間の御殿場市のごみ総排出量は、予測量三万二五二五トンを二九〇五トン下回り、予想外の成果が出た。前年度と比べても二八五トンの減量となった。ＲＤＦセンターへの搬入量も減った。予測では約二万三九〇〇トンとなっていたが、実績はこれよりも八〇五トン減った。センター搬入は前年度と比較しても、四五〇トンの減量となった。市ではこの減量実績に対して、一億円を超す経費削減につながったと、市民の減量運動への協力に感謝した。

第11章　そして提訴へ

〔ＲＤＦ解決に向け広域ネット〕

御殿場市小山町広域行政組合では、共同企業体との交渉が暗礁に乗り上げる一方、技術専門家で組織したＲＤＦセンター評価委員会によるＲＤＦセンターの技術的な検証でも、当初計画とはおよそかけ離れた膨大な維持・管理費に対する企業責任が明確にされなかったため、今後の対応は閉塞状態となっていた。

こうしたことから、広域行政組合はＲＤＦ問題を御殿場・小山ＲＤＦセンターに限定したものでなく、同類の施設を持つ他県の自治体とも連携して、それぞれが抱える課題を通して、解決の道を探る動きに出た。そこで、Ｊカトレルシステムを導入してＲＤＦ処理している全国四つの自治体、広域事務組合に参加を呼びかけ、広域ネットの構築を図った。

その結果、大分県津久見市、山口県の美祢市・秋芳町・美東町からなる美祢地区衛生組合、山梨県の南部町・富沢町の甲南環境衛生組合から参加の申し出があった。いずれも、処理能力は小規模で最大でも日量三二トン、最小は一〇トンで、御殿場・小山が突出した施設規模だった。

ただ、群馬県の水上町・月夜野町・新治村の衛生施設組合は参加を見合わせた。理由は、住民による監査請求や受注メーカーへの建設費の返還訴訟などの経緯の中、メーカーの石川島播磨重工業が一定の責任を認め、維持・管理費について応分の負担を受け入れている以上、「寝た子を起こしたくない」ということだった。

とりあえず、四団体でＲＤＦ自治体連絡会が設立され、初会合が二〇〇二年（平成十四年）五月、御殿場・小山ＲＤＦセンターで開かれた。会議の冒頭、主催者の御殿場市長は、「当方の今後の課題解決に向け、共通点を探りたい。情報交換を密にして事態を前進させたい」と趣旨を説明した。

これに対して、Ｊカトレルシステムを初めて導入した津久見市からは、「うまくいっている部分もあるが、うまくいっていない部分もある」との本音が聞かれた。甲南環境衛生組合からは、ＲＤＦの消費先の確保、維持・管理費の抑制策を問う意見が出た。美祢地区からは、ＲＤＦは宇部興産のセメント工場で全量処分してもらっているので、問題はないが、部品代に始まる維持・管理費は大幅に増えているといった悩みが提示された。

ＲＤＦ処分も、それぞれだった。御殿場・小山のように全量、組合責任というケースは稀で、いずれも契約に基づき企業体が請け負っていた。また、圧縮成形機のダイ・ロールの部品代も同じメーカーでありながら、納入単価はバラバラだったこともわかった。

さらに深刻な問題を抱えながらも、御殿場・小山のように企業体と交渉を継続的に実施しているケースは少なかった。こうした課題に関して、これまで一度もメーカーと協議したことがなかったところもあり、今後の対応を含め、大いに参考になったと感謝された。

意見交換を通しては、処理工程上での発火、発煙現象、重故障などの共通の悩みがあることも、温度差はあるもののはっきりして、企業体に瑕疵《かし》(=欠陥)責任を求める根拠になった。保守・点検費もそれぞれ高額となり、財政負担に苦慮していた。結局、初回の連絡会では、まとめとして首長による合同会議の開催が提案され、また、継続的に情報交換を行ない、それぞれの課題解決を図る案が採択された。

この自治体連絡会は、組合、とりわけ組合管理者の御殿場市長と副管理者の小山町長の課題解決への決断に、大きな影響力を与えた。両者とも、企業体との交渉が遅々として進展しない状況に強い苛立ちを感じていた。ただ、訴訟といった強行手段にでた場合、企業体側から、センターでの保守・点検作業の撤退、交換部品の支給停止、あるいはトラブル発生時の対応拒否といった最悪の事態が通告される点を懸念していた。

しかし、一方で両者は、Jカトレル方式を選択するにあたって、企業体が、維持・管理費が安い、技術は完成している、ごみのリサイクル効果が高いと太鼓判を捺していながら、現実は余りにひどい、と腹立たしい思いでいた。そのうえ企業体は契約条項を根拠に、あらゆる面で負担を拒否している。二人にしてみれば、この基本的な確約があったればこそ、両市町は契約締結に踏み切ったというのが本音だった。

RDFセンターは稼働を見込んだ一九九九年度(平成十年度)の当初予算は約六億六〇〇〇万円だった。それが、当初予算にとどまらず、補正予算まで動員して、増額につぐ増額であった。それも、億単位となり、二〇〇二年度当初予算では約一六億二〇〇〇万円。導入後四年で、約二・五倍の予算計上は行政側にとって、異常事態宣言であった。それでも、共同企業体との全面戦争に、長田市長は依然ためらいがあったが、この現実がついに法的決着への道を開いた。

〔RDFの疑念を巧みにかわす〕

御殿場市長と小山町長は組合と組合議会が企業体との交渉を続ける一方で、水面下では過去の調査資料、企業体との交渉時の議事録などを再度洗い出していた。この中で、工事請負契約を締結する直前、議員が企業体に対して幾つかの質問事項を提示して回答を求めたものがあった。

それまでの企業体のバラ色のプレゼンテーションに疑問を持ち、燃焼式との建設費の比較、維持・管理費の推移などについて質問したものだ。企業体の回答は、実に巧みで、肝心な点は、数値を曖昧にしていた。

ＲＤＦは焼却に比べて、建設費総額では安くなると了解しているといった、第三者の見解を引用したり、運転経費についても、安く提示した金額そのものに対して、予想額は推定値であって「保証するという性格のものではない」といった逃げを用意した。補修費に関しても同様で、金額を保証する性格ではないと回答した。このように、企業体はこの議員がいちばん肝心とする問題、核心部分での見解を求めると曖昧な態度をとり、明言を避けた。

こうした一連の機種検討段階での駆け引きが次第に明らかになるにつれ、市長、町長も、住民に対するきちんとした説明責任を痛感するようになった。逡巡した挙げ句、訴訟を前提とした決断も念頭に置くようになった。特に副管理者は二〇〇三年（平成十五年）四月の統一地方選で三選出馬に意欲を見せているだけに、苦境そのもののRDF問題の解決は、選挙戦での最重要施策として浮上することが予想され、先手を打つ必要もあった。

〔問題の決着を弁護士に委託〕

RDF問題で企業体との交渉が、行き詰まりをみせるにつれ、政治家の立場にある御殿場市長と小山町長の苛立ちは、増していった。相変わらず、企業体は工事請負契約書、発注仕様書に基づき施設は完成している、契約時の保証事項にない組合の要求には一切応じられない、の二点を基本的な根拠として、一歩も譲歩してこなかった。

組合もRDFセンターの運転実態や、RDF採用の検討過程で企業体から説明された、技術は完成されたものであり、燃焼式と比較して維持・管理費が安い、ごみのリサイクル効果が高く、公害対策も優れているといった点に言及し、企業倫理を含めた説明責任を指摘、企業体に応分の金銭的負担を求めていた。だが、交渉は常に平行線をたどり、いたずらに時間と労力を費やすだけに終わっていた。

二人の首長の苛立ちが増す中、二〇〇二年の夏、組合・組合議会の公務視察があった。場所は自治体連絡会に参加した美祢市のRDFセンターだった。現地に到着すると、市議会議長が一行を出迎え、開口一番、「あれは失敗だった。だまされた」と語気を強めて説明したという。

美祢地区衛生組合のRDFセンターは、九九年（平成十一年）三月に竣工、処理能力は一日七時間稼働で最大二八トン。施工したのは石川島播磨重工業と荏原製作所、宇部興産の共同企業体（JV）だった。しかし、部品代に始まる維持・管理費の増額に悩まされていた。

こうした過去の負の遺産、現実の諸課題を前に、長田市長は政治生命をかける意気込みで最終決断をした。六月の組合議会定例会に補正予算として、弁護士への調査委託の手付金として、四五〇万円を計上、議員もこの心意気に賛同して可決した。

専任した弁護士は東京都港区の虎の門法律事務所。元最高裁判事の大野正男弁護士を筆頭に、東京都公害審査会会長を務める廣田富男弁護士など四人。組合側は委託に際して、過去の経緯を示す企業体との交渉の議事録や発注仕様書、契約書、さらに技術面にポイントを絞ってRDFセンターを検証した評価委員会の報告書など諸々の資料を弁護士事務所に手渡し、かつ組合側の要望を伝えて、企業体との法的レベルでの交渉が成立するか、打診した。

その結果、弁護士側から企業体との交渉を引き受ける旨の回答を得た。これを受けて組合側は正式に交渉の全権を弁護士に委託するため、二〇〇二年（平成十四年）九月十二日付で、中立手数料約一七〇〇万円と訴訟着手金として約二〇〇〇万円を支払う契約を法律事務所と締結した。

同年九月、法律事務所はこれまで組合側から提供された資料をもとに、四項目の課題を企業体に申し入れた。申し入れは、「①本施設を保証された能力を持って恒常的に稼働する施設に改善すること、②本施設の維持・管理費が共同企業体の提示した予想額を大幅に超える実情を踏まえ、その差額を企業体において負担すること、③住民から苦情のある悪臭について改善措置を施すこと（速やかに共同企業体提案に係る燃焼施設を建設することを求めます。）、④ＲＤＦの処分について共同企業体の当初の説明に沿った具体的方策を講じること」（原文のまま）だった。

管理者、副管理者、組合事務局もこの措置によって、長年の課題解決だけでなく、住民に対して納得してもらえる結果が得られると期待した。これに対し企業体も、顧問弁護士六人を立ててきた。

問題解決を弁護士に委託したことは、直後、御殿場市と小山町の広報紙を通して、住民に知らされた。これを読んで、「いよいよ大詰めか」という声も聞かれる一方で、「ＲＤＦセンターがある限り、地獄は続く」という諦観の意見もあった。しかし、住民の間では、問題がここまで複雑になった以上、すっきりしたいという流れが強くなってきた。

それから間もなくして組合側と企業体側、それぞれから委託を受けた弁護士間で具体的な話し合いが始まった。

組合側の主張は公金を扱う以上、理不尽な浪費は住民による行政不信を招き、ＲＤＦセンターの維持・管理費が肥大している現状を理由に、道路整備や下水道事業、そのほかのインフラ整備を遅らせるわけにはいかないとして、協議に多少時間がかかっても、有利な展開を期待した。特に、広域行政で人口比による負担割合が八〇％と、極めて大きい御殿場市では、ＲＤＦは予算編成のうえで、大きなネックとなった。しかも御殿場市は、不況によって税収が右肩下がりで減り続けていた。

しかしごみ処理は日常的なものだけに、先送りするわけにはいかず、ほかの事業が予算カットを余儀なくされた。道路や下水道管の敷設などは当初計画の整備距離を縮小するなど投資的経費の削減、あるいは、外郭団体の助成金の一割カット、さらに各事業部局の予算要求も、前年度当初予算内に、といった厳しい内容となった。この状態がここ数年、恒常的となっており、概算要求の段階ではかつて経験したことのない、数万円単位での駆け引きが度々起こるようになった。それだけ、財政事情はひっ迫し、なにも残らないごみ処理費の極端な膨張は、正常な行政運営を崖っぷちまで追い詰めてしまっていた。

しかし、企業体にとっても、設計上のミスによる重故障といった企業側に明らかに責任のあるもの以外、一円たりとも補償はしたくないのが本音だった。とりわけ、施設を直接施工した、設備関係の最大手である石川島播磨重工業や荏原製作所にとっては、デフレ・スパイラル的な不況の中、市場の冷え込み、さらに自らが抱える不良債権などにより、年度末決算がはかばかしくない状況を受けて、安易な譲歩は拒否する方針だった。ただ、Jカトレル方式の御殿場・小山RDFセンターのトラブルは、全国的に知られており、これ以上、組合側との交渉が長期化すれば、両社の社会的信用が失われかねないという弱点もないわけではなかった。

現に、各種機器類のメーカーである石川島播磨重工業にせよ、荏原製作所にせよ、御殿場・小山RDFセンターのトラブルの教訓から、以後、全国各所で受注したRDF施設は、当初の三菱商事や建屋建設を請け負うフジタを入れた四社のJカトレルグループとしてではなく、単独、あるいはまったく別会社とJVを組んで行なっている。

これは、言い換えればそれだけ、技術面を担当しない三菱商事を幹事社とするJカトレルグループの脆さを明らかにしたと言えないこともない。

〔弁護士間の話し合いが決裂、訴訟に〕

組合から提示された四項目をはさんで、双方の弁護士は妥協点を探った。組合から委託された弁護士は、背景に一〇万五〇〇〇人の住民の民意もあり、企業体にそれなりの譲歩を期待した。

だが、企業体の対応は想像以上に強硬だった。四項目の申し入れに対する弁護士を通じての企業体の回答は、まったく素っ気ない内容だった。

①一五時間稼働で日量最大一五〇トンの処理能力は、性能確認試験で確認されている、②維持・管理費については企業体の提示した予想額は推定値・目標値であり、保証値ではない、③境界線上の臭気濃度は、性能確認試験において確認され、保証値を満たしている、④RDF消費に関して、企業体がRDFの引き取りを約束した事実はない。企業体が約束したのは、消費先開拓への協力であり、数カ所の消費先を紹介している。

組合が期待した譲歩どころではなかった。組合の代理人弁護士も大分粘り強く交渉を重ねて、相手との妥協点を引き出そうとしたものの、結局、双方の隔たりは大きく、溝は埋まらなかった。そこで、組合代理人の弁護士は、代理人交渉を二〇〇三年（平成十五年）三月に打ち切り、契約書の約款に基づき、静岡県建設工事紛争審査会での解決を試みることにした。

早速、組合は県土木部建設政策総室建設業室に相談した。しかし、今回の案件は建物構造体の問題ではなく、ごみ処理プラントという特殊な施設であり、専門性が必要となるといった理由をあげて、審査会では適切な判断がむずかしいとの見解が出された。そこで、組合は最終的に弁護士からアドバイスを受けて企業体を提訴することにした。

〔約八〇億円の損害賠償を請求〕

二〇〇三年（平成十五年）七月二日、広域行政組合の管理者・御殿場市長は代理人弁護士を

通じて東京地方裁判所にＲＤＦセンターを施工したＪカトレルグループ・共同企業体（三菱商事・石川島播磨重工業・荏原製作所・フジタ）を相手に、センターが被った被害七九億二〇七〇万円の損害賠償を求める訴えを起こした。自治体が大型プラントの工事請負契約者を訴えるケースは全国でも初めてのケースとなった。

損害賠償請求の根拠は、企業体が提示した予測値をはるかに上回る維持・管理費、システムの処理能力不足、臭気問題、多額の経費を要するＲＤＦ処分など、直面している四項目に関する瑕疵責任と、ＲＤＦ処分に付帯した説明義務違反となっている。これらの瑕疵に対する損害を個別に試算して、賠償額を八六億五〇〇〇万円と設定した。しかし、請求額の根拠を明らかにする意味から、欠陥とみなした施設の建設費に相当する七九億二〇七〇万円を請求した。

提訴にあたりこの日の記者会見で御殿場市長は、「市民、町民の血税により、多額の費用を投じた施設であるが、トラブルや火災発生などが依然として続いている。話し合いが平行線をたどる以上、市民、町民に納得のいく最良の方法として提訴の形をとった」と苦渋の選択だった経緯を述べた。さらに、「企業体との交渉を続ける一方、センターの負担軽減のため、市町民にはごみ減量に協力してもらった。しかし、企業体との交渉に前進はなかった」と失われた歳月に憤りをみせた。

また、同席した代理人弁護士は、法律に照らして見ると、本来備わっていなければならない性能が備わっていないと指摘し、かつ、ＲＤＦ処分の困難さについても工事請負契約をする際、

市がメーカー側を訴えた記者会見

企業体はこの説明義務を怠ったとの見解を示した。さらに、被告側も四社であり、大きな裁判となるだろうが、十分勝てると認識していると述べて、概ね五年で決着がつくとの見通しを明らかにした。

提訴の前段として弁護士はＲＤＦセンターについて、稼働を開始して以来、乾燥機での火災発生、あるいは主要機器での大小約三〇回の事故・故障に言及して、「少ない維持・管理費で環境に負荷を与えることなく、ごみから有用な固形燃料を製造する」というＲＤＦの利点からはまったく相反する施設ができあがったと厳しく断罪した。

四項目のうち、処理能力不足の瑕疵については、機能検査や企業体委託の業者の実績に照らしても、平均処理量は毎時五トンを達成していない事実を明らかにし、かつシステムの稼働前の立ち上げ・立ち下げに約二時間を要している点に言及して安定した処理能力を満たしていないという不備を明確にした。

多額の維持・管理費に関しては当初、企業体は年間四〇〇〇万円との予定額を提案し、また、大改造工事後も年間八四〇〇万円ほどの金額を提示したが、二〇〇二年度（平成十四年度）では四億二三〇〇万円となり、当初予定額の一〇倍に達してしまったと企業体の見通しの甘さを批判した。周辺住民に及ぼしている悪臭では、排出口の臭気濃度が希釈倍数一〇〇〇以下と定められているにもかかわらず、実際の測定値では一三〇〇と大幅に上回っている観測記録を根拠に違反を指摘した。

230

高額な処理費を要求されているＲＤＦについては、「無用かつ有害なＲＤＦを製造する瑕疵」と定義した。このＲＤＦを企業体は保存性と運搬可能性、さらに燃焼効率に優れており、ダイオキシン抑止も図れると組合側に売り込んだという過去の経緯にふれた。ところが、実態は破格な処理費用、燃焼時のダイオキシン発生も伴い、有用な燃料とは言えないとした。また、ＲＤＦシステムはＲＤＦを製造し、処分するという二つの方法が完結しなければ意味のないものであり、この点をおろそかにした企業体の責任回避を糾弾した。

こうしたマイナス要因の前提として、組合側の弁護士は、企業体の説明義務違反を問題とした。ＲＤＦ処分が特殊な焼却炉の設置を必要とし、燃焼によるダイオキシン発生を知っていたにもかかわらず、組合に説明を怠り、工事請負契約を交わしたと、その無責任さを追及した。特に、企業体の中に、ごみ処理施設の専門メーカー二社が参入している事実を重視し、組合側に十分な情報を提供しなかったという怠慢をあげた。

〔市長が冒頭意見陳述〕

損害賠償請求訴訟の第一回口頭弁論は二〇〇三年（平成十五年）十月十五日、東京地裁（小野剛裁判長）で開かれた。冒頭、組合管理者の長田開蔵御殿場市長は意見陳述して、「被告側がごみを少ない経費で、環境に負荷を与えることなく、有用な燃料に変えると説明したにもかかわらず、現状では維持・管理費は膨大となり、RDFも引き取り先が見つからず、莫大な処理経費が必要となっている」との窮状を訴えて、実態を理解し、迅速かつ十分な審理を経て適切な判断を下すよう強く求めた。

また、市長はRDFセンターが一酸化炭素爆発や火災といった重大事故を相次いで起こし、住民に多大な不安を与えている現状と、損害賠償については企業体と長期間話し合いを続けたが、両者の主張の隔たりは大きく、決裂してしまった経過にふれ、住民にとっては極めて重大な問題故に提訴に踏み切ったと、悲痛な心情を吐露した。

組合側代理人の弁護士が指摘した施設の四つの瑕疵について、被告企業体側の弁護士は、訴状に対する答弁書を用意して、応訴の要旨に言及した。そこでは、まず、この問題は訴状でふれられていない三つの要因があると指摘した。①ごみ質を原告組合側が誤ったため、大改造工事を余儀なくされた。特にごみ質の単位容積重量（かさ比重）が指定されたものに比べて一・五倍になったため、改造の原因となった、②カトレルの採用は、組合自身が三年以上もの歳月をかけて調査・検討し、決定したことである、③生産されるRDFの処理は、組合自らが管内消費によって処理すると決定していた――を指摘して企業体には非がないと主張、全面的に争う姿勢を明確にした。

さらに、RDFの処分について原告が言うところの、被告はダイオキシン対策が強化されてRDFの需要先を見つけることが極めて困難になることを容易に予想しえたとの主張に対し、規制の強化及びそれに伴うＲＤＦの環境の変化は、本件の工事請負契約締結後のことであり、私企業である被告らには予見できなかったので、説明義務違反への責任はないと抗弁した。

こうした点を列挙したうえで、結論として、▽処理能力は性能確認試験において確認されている▽企業体が示した維持・管理費の予想額は推定値・目標値であり、保証値ではない▽臭気濃度は、性能確認試験において確認され、保証値を満たしており、工事検査合格書も交付されている▽ＲＤＦの引き取りは管内消費で合意している――と提訴は不当だとした。また、二〇一三年度（平成二十五年度）までの将来の損失まで盛り込んだ損害賠償請求は、変動するごみの搬入量、消耗品の単価変動など不確定要素があるため、一義的に明確にできない点をあげて、賠償請求は現時点で発生していない将来に関する損害を求めるもので、不適法であるとして棄却されるべきと反論した。

さらに、企業体はこれまで四〇億円以上をかけて原告組合による「ごみ質指定の誤り」を是正する大改造工事を無償で行なうなど、原告にできるだけ協力していると述べ、法律・契約上の義務を超える協力は自ずから限度があり、本訴はこれを超える、いわば際限のない請求になっているため、応訴したと陳述した。

この企業体の陳述に、御殿場市長は口頭弁論終了直後のインタビューに答えて、「多額な血税を投入した公共事業を受注したメーカーには、それなりの社会的、道義的な責任があり、企業倫理も求められている。被告の陳述を聞く限り、これらがまったくない。憤りを感じる」と不快感を示した。

〔第二回口頭弁論〕

二〇〇三年十二月十七日、第二回口頭弁論が東京地裁であった。原告組合側は第一回口頭弁論で被告企業体側が示した答弁書に対する弁論手続きのための準備書面を用意して反論した。原告側は将来に対する損害賠償は算定根拠が曖昧で不適法とする主張に、交通事故による生命・身体の侵害を例に、プラントを操業することで生じる損害は過去三、四年の実績から容易に積算が可能と、被告の論理の誤りを指摘した。

また、計画ごみ質と現実との相違が問題だったと強調する被告に対して、センターは特殊なごみを前提に建設されたのではなく、家庭系及び地域内事業所から出る可燃ごみを処理の対象として建設されたものであり、当然、天候や季節、生活様式や経済活動の変化により、数値にかなりの変動があることは予想され、これに対応できなければならないとした。

処理能力は引渡性能試験で確認され、工事検査合格書を交付されているという答弁については、原告は会計の年度末を控えて事務処理を急いだためであり、さらに交付に際してはおびただしい数の手直し工事を被告らに指示しており、これらを確認して初めて合格とするという付帯条件を付けていたと抗弁した。また、工事成績も最低のDランクだった事実を明らかにした。

さらに、二〇〇一年（平成十三年）十月、財団法人日本環境衛生センターによって実施された機能検査の概要を示して、A、Bの二系列ともトラブル発生で一時間あたり五トンの能力を満たしていないと反論した。

維持・管理費の予想額は推定値・目標値であり、保証値ではないとする被告側に対して、原告は予想される処理費用が仕様書に明示されていなくても、プラントの性能の基本的な要素の一つであったと位置づけた。ついでに、予想額を車にたとえて、自動車のメーカーが燃費について一〇キロメートル走るのにガソリン一リッターで足りると説明したのに、実際は五リッターもかかっているケースと同様だと、責任を求めた。

被告が臭気テストで合格通知書が交付されているという点では、原告はこれを認めつつ、仕様書に盛り込まれた「悪臭の発生する箇所には必要な対策を講じ、脱臭設備の設置を考慮する」と記載されている点をあげ、被告にこの履行を迫った。また、RDFを無用かつ有害とした訴状について、原告は改めて、多大な費用を支払わなければ引き取り手がない状況にあり、現状では有用な燃料ではなく加工前と同様、「ごみ」でしかないと強調した。有用でない以上、明らかに瑕疵が生じる点も主張した。

RDF燃焼時に発生するダイオキシンに関しては、センターの建設工事請負契約締結当時の一九九五年（平成七年）、ダイオキシン規制が近い将来強化されることは、ごみ焼却炉の製作・販売を業とする被告ら（特に石川島播磨重工業と荏原製作所）は優に予見できたはずであると指摘した。ＲＤＦを組合が管内処理と決めたのは、企業体がダイオキシン対策を説明せず、ごみエネルギー型コミュニティなどに利用できると安易に説明したからで、ダイオキシン対策などが分かっていれば、本契約は締結しなかったか、締結しても企業体にＲＤＦを引き取らせる旨の条項を契約に盛り込んだと、説明義務違反を明らかにした。

〈保証期間満了で担保責任なし〉

第二回の口頭弁論中、原告組合側の反論準備書面に対する被告企業体側の弁護士が用意した第一回準備書面は、結論としてセンターの建設工事請負契約における請負人の担保責任が、保証期間の満了によって消滅した点をはっきりとうたった。そのため、原告が瑕疵担保責任を根拠とする損害賠償請求は、請負人の担保責任が消滅した後に起こされたものであるから、理由がないと指摘した。

ここでいう保証期間は大改造工事を経て引き渡しが完了した九九年（平成十一年）三月三十一日から向こう三年以内の二〇〇二年（平成十四年）三月三十一日までであるとして、これを過ぎた時点での請負人への賠償請求は既に消滅していると主張した。

また、被告側は企業体の勧めによってカトレル方式を選択したという原告側に反論し、原告側は議会議員や当局担当者が全国各地の関連施設約三〇カ所を視察している事実と、もう一方の日本リサイクルマネージメントのＲＭＪ方式のヒアリングを受けた点をあげて、組合側は多岐にわたる調査・検討を綿密に行なったと指摘した。

処理能力不足の訴因に関する原告側の「特殊なごみではない」との主張には、ごみ質を特定しなければその施設が保証するごみ処理能力を発揮できないと定義して、これを基に各構成機器の容量を定めることから、誤ったごみ質を指定した組合側に責任があるとして、これを企業体に求めるのは責任転嫁であるとした。あるいは、原告が述べる夜間業務委託料や職員の時間外手当てなどについては、原告職員の実際の作業速度や当日のごみ搬入量などに大きく左右されるため、瑕疵と損害の因果関係は不成立であるとした。そのため、原告は各職員の作業能力や勤務時間、勤務態度、作業についての訓練実施の有無などを明らかにして、瑕疵と損害の因果関係を明確にすべきであると抗弁した。

維持・管理費の高騰に関しては、大改造工事の時点では原告のごみ質指定の見込み違いが発端であり、原告が希望する処理能力を達成させるため、工事に着手したと主張した。さらに、工事に際して維持・管理費は問題とされず、大まかな推定値が示されたにとどまり、工事の結果、維持・管理費が増加したことを問題としても、被告らの無償による大改造工事から受けた利益（四〇億円を超す工事費用の企業体負担額）は損害をはるかに上回り、原告の損害は生じていないと述べた。

加えて、原告が言う維持・管理費について、被告側は施設の瑕疵によって直接に生じるではなく、各機器の整備、検査及び保守、消耗品の購入・交換、清掃など、原告が管理、決定、選択及び実行すべき費用であると位置づけた。そのうえで、業者の選別、消耗品の種類・品質の選別の仕方といった要因は、原告職員の意向や方針、判断及び能力、並びに消耗品の単価の値上がりといったもので決定されるため、被告らの支配下にはなく、建設工事の瑕疵とは無関係な事情であるとした。また、消耗品の購入に際しては、一回の購入量の設定、業者との過去の取引関係、原告職員の交渉能力などにより、支払代金が異なるという変動的要素にふれ、瑕疵を否定した。

悪臭発生でも、組合側が現状の状態でこれを除去するため、脱臭装置の代替として活性炭による脱臭方法を試験的に採用し、この効果への可能性がある以上、新規の設備を設置する蓋然性はないと、訴因を否定した。

第二回口頭弁論で被告企業体側の弁護士が用意した準備書面に接した組合側は、あ然とした。まず、保証期間が三年であり、それ以降の損害賠償請求は担保責任が消滅しており、根拠がないという主張について、組合側は施設の減価償却期間は一五年であり、たとえ保証期間が消えたとはいえ、それ以後に生じた不具合については施工した企業体が責任を負うべきなのが社会通念であると、車や家電製品などに見られるリコール制度を例に出した。

また、議員や当局職員の数々の視察はRDFの研究・検証といったハイレベルのものではなく、企業体が紹介した施設の見学であり、結果的にはメリット面ばかりが強調された説明の中、

ＲＤＦ採用への恣意的な作用が働いたと述べる。ＲＭＪ方式との比較検討の結果、Ｊカトレルを選択したという組合責任についても、双方からの見積図書に基づいてコンサルタントが算定した技術評価書が根拠で、選択上最も重要な見積図書に不確定要素を盛り込んだ企業体の責任は大きいと、無責任を指弾する。

さらに、維持・管理費の部分で企業体が述べる目標値のうち、一トンあたり八八九円は補修費であり、二〇〇一年度（平成十三年度）以降についての一トンあたりの処理費については関知しないとの見解について、組合側は大改造工事以後、各種機器の点検・整備・清掃、予備品・消耗品の追加交換が莫大である点を指摘して、工事請負人に対する施工責任を求めている。

悪臭に関しても、被告側が客観的な基準を定めているとの法的な根拠を出して、原告の異議を主観的な言いがかりと指摘したのに対して、現に生活上支障をきたしている住民の訴えがあり、原因がＲＤＦセンターと証明されている以上、解消対策は必要と反論した。また、企業体がＲＤＦを単純なごみ焼却と比較して、保存性や運搬性に優れ、安定した燃焼を得ることができ、かつ売却できるなどと優位性を説明したからこそ、組合側は大きな魅力を感じて採用に踏み切ったと主張した。

メーカーがダイオキシン規制を予知できたとする原告に対して、被告側は全面否認した。これに対し原告組合側には専門家がいない状況から国・県からの通達を待つだけで、情報収集能力は環境問題を含めた次世代型処理施設を研究しているメーカー側の方が熟知していると反論した。

二〇〇四年（平成十六年）二月、東京地裁に提出された原告組合側の弁論手続き準備書面では、被告共同企業体の主張に厳しく臨んでいる。ダイオキシン規制の強化については、その有害性は工事請負契約締結前後を問わず、存在していたものであり、新ガイドラインはその有害性を公的に確認して具体化して定めたに過ぎないと指摘した。

さらに、原告組合側は被告企業体側が瑕疵担保期間は引き渡しから三年間の二〇〇二年（平成十四年）三月三十一日までとする主張が、これ以前に被告企業体に対して、①処理能力について、安定的・恒常的に一日一五時間稼働で一五〇トン、一系列・一時間あたり五トンを確保すること、②多額にのぼる維持・管理費について、その低減と低減されるまでの間の予定値との差額を負担すること、③発生する悪臭について、改善策を講じること、④ＲＤＦ処分について、消費先の確保に協力すること、を要求している点を強調した。その結果、被告らの瑕疵担保責任は保証期間内に原告が権利を行使している以上、保全されるのであり、時効によって消滅したことにはならないと、被告の言い分を否定した。

〔公共工事の予定入札価格を事前公表〕

ＲＤＦセンターの経費の膨張により、財政事情が悪化していた御殿場市では、二〇〇一年

表9　落札率の推移（%）

	1999年度	2000年度	2001年度 公表前	2001年度 公表後	2002年度
全体	95.97	97.29	97.72	95.56	94.24
土木	96.85	97.49	97.89	95.75	95.91
舗装	96.82	97.28	97.43	95.58	95.28
建築	95.24	98.10	98.11	95.75	95.60
電気	91.73	95.39	97.51	92.97	81.26
管	94.88	96.85	97.21	96.33	94.82
解体	80.99	99.40	——	94.61	95.48
造園	90.40	96.30	——	89.21	70.53

（平成十三年）八月、静岡県下では初めて、公共工事の入札予定価格を事前公表した。

公表の目的は予算の効率的な執行、あるいは競争原理の促進、そして、右肩上がりの落札率を是正することだったが、一方でRDFセンターの経費の捻出もねらっていた。

同市ではRDFセンターが稼働を始めた九九年度（平成十一年）当時、落札率は平均で九五・九七％程度に収まっていた。しかし、二〇〇〇年度では、九七・二九％と一・三二ポイント上がった。上昇傾向は以後も続いて、二〇〇一年度は六月分までで、九七・七二％となった。

六月分までは、土木、舗装、建築、電気、管工事、いずれも九七、八％の高い水準を示していた。うち、金額規模が大きい建築関係は、九八・一一とトップとなっていた。そこで、先進都市の事例や事前公表によって生じるメリット、デメリットを調査した。検討の結果、試行的に二〇〇一年八月に九月分の入札予定価格を公表し、九月四日の第一回の入札から実施した。

効果は即現われた。工事全体の平均落札率は、九四・七八％となり、二・九四ポイントの下降となった。落札率はその後も下がり続けて、公表後の二〇〇一年度末までの集計と、公表以前を比べると、全体で二・一六ポイントの下落で、九五・五六％となった。

公表以前に最も高かった建築工事は、二・三六ポイントのダウンで、九五・七五％までになった。電気工事については、九二・九七％、公表前と比較して四・五四ポイントと大幅な下げを記録した。上半期には入札がなかった造園にいたっては、公表後の二〇〇一年度分は、八九・二一％と九〇％を下回る結果となった。

二〇〇一年度四月から十月分までの落札率を見ると、前年度下半期の実績が強く影響して、さらに下降線をたどり、工事全体では九四・二四％と、これまでの最低の数値となった。土木や建築、舗装は九五％台を推移したものの、電気は八一・二六％まで下がった。公表直後から、さらに一一・七一ポイントの下落となった。造園も同様で、前年度下半期と比べて一八・六八ポイントの下降となり、七〇・五三％という結果だった。

この公共事業の落札率の下降実績により、事業費全体を公表前と比較した場合、二〇〇一年度下半期は約七七〇〇万円の支出が節減できた。また、二〇〇二年度（平成十四年度）分についても、一億七五〇〇万円の予算支出が抑制され、この一年間で、およそ一億八四五〇万円の公金が節約できた。

公共工事の入札予定価格の事前公表は、ＲＤＦ浪費による財政支出増、長期不況で市税の減収が続いている厳しい状況に危機管理を持った職員をして、経費節減への知恵を働かせたといえる。

この事前公表は市長や担当部長といったトップが部下に命じて、導入したものでなかった点も、今後の行政運営に明るい材料を提供した。財源が厳しさを増す中、財政管理の実務を担当する副主幹クラスが、発案して独自に視察や調査を行ない、効果を上司や市長に進言したからだった。

当時、担当職員は、電子入札といった画期的なスタイルを導入した横須賀市で、落札率の上昇が抑制されていたことを知り、このシステムを視察した。検討したところ、御殿場市ではまだ電子入札のレベルに達していないことがわかり、対案として事前公表を提案したという。

ＲＤＦの苦境が、職員の自助努力を導き出したのだった。

第12章　ＲＤＦがもたらしたもの

〔脱臭装置の建設に踏み切る〕

組合は、委託弁護士とRDFセンターを施工した共同企業体との交渉が一歩の進展も見ないまま、懸案となっていたセンター周辺住民に対する臭気問題に本格的に取り組まなければならない立場に追い込まれた。センターから発生する臭気は、改造工事による主反応機の増設が主原因と、評価委員会も設備の欠陥を指摘しているものの、交渉では、後日に提出された資料は単なる参考文献に過ぎず、基本は契約条項に基づくと企業体が主張してきたため、振り出しに戻った状態となった。

その反面、直接センターを施工した石川島播磨重工業などから、一定の責任を認めて臭気問題の解決には、応分の負担を受け入れる妥協案が組合へ打診されたという。しかし、法律に基づく弁護士間の話し合いを通じて、幹事社の三菱商事が妥協案に難色を示し、臭気に焦点を絞らないで、センター全体の包括協議へと本筋を変更する態度を見せたことから、臭気問題も棚上げされた形となった。

それでも組合側はセンターが建設された地元桑木区に対して、臭気問題を二〇〇五年度〔平成十七年度〕までに解消すると約束した関係から、二〇〇三年十月、組合はとうとう二〇〇三年度当初予算に、脱臭設備改善事業費として一億五五〇〇万円を計上する羽目になった。ただ、事業費の総額は六億円余で、企業体との交渉が決着しない以上、経費はすべて組合の債務負担となる。

脱臭設備は直接燃焼の大型燃焼炉で、設置に際しては現行のＲＤＦセンター西側の空き地の二分の一程度を占める面積となる。この設備により、とりわけ臭気がひどい風下の四軒の民家の悩みは解消される。しかし、設備の維持・管理費は新たな負担として、組合に重くのしかかる。脱臭炉が使う灯油は、現行ＲＤＦセンターが使用している量と同じ。これが稼働すると、現在の二倍の灯油経費がかかる。脱臭装置未設置の二〇〇二年度（平成十四年度）の灯油代は約八〇〇〇万円。これに脱臭炉が加わると、一億六〇〇〇万円に膨張する。

さらに、脱臭炉の燃焼によって発生する余熱利用はゼロ。主反応機に送る蒸気の生成、ＲＤＦ乾燥機に送る熱風も、現行の設備から供給する量で十分という。したがって脱臭炉は、完全にカラ炊き状態。化石燃料の浪費と地球温室効果ガスの排出という二重の過ちを犯すことになる。

また、六億円の脱臭炉建設は、今後のＲＤＦ処理の行く末にも陰を落としている。脱臭炉を設置したことにより、設備全体の減価償却に新たな要因が加算されて両市町のごみ処理が長期間にわたり、ＲＤＦで継続されるという懸念である。

その一方で、脱臭炉設置は決まっても、完成後の運営はまったくの白紙。施設の維持・管理費、運転に要する人員、保守・点検費に関する具体的な説明はない。かなりの金額が予想されるが、組合は企業体からの積算書の提示はおろか、企業体との突き詰めた議論すら交わしてはいない。

ＲＤＦセンター自体の問題の未決着、さらに脱臭炉設置といった流れを受けて、住民の間にはこれだけ維持・管理費と付帯設備に多額の経費を要する施設は、将来的な見地からも取り壊した方が得策といった声も出始めている。このため、六億円という巨費を投じた脱臭炉の建設に、慎重論を求める意見もある。

結局、脱臭炉建設の是非が十二分に検討されないまま、地元対策という対症療法的な発想で事業はスタートしてしまった。工事請負費の一部、一億四四〇〇万円も議会を通過した。ただ、この構図は、かつて、燃焼式か、ＲＤＦかで選択肢が混乱した十年前の状況と酷似している。それ故に、脱臭炉建設が、新規のお荷物といった指摘も見逃せない。

現行施設の二倍となる灯油使用量、空炊き運転、不透明な維持・管理費、企業体との交渉が決着しない段階での建設事業費の債務負担など、不安定要素が山積しているだけに、脱臭炉建設は時期尚早ではないかと、組合の判断に大きな不安だけが残されてしまった。

その不安は的中した。組合側が提訴したのを契機に、企業体は脱臭装置建設への協力を断ってきた。ＲＤＦセンターの問題が裁判で係争中であり、一定の決着を得ない以上、工事着手は馴染まないというのが理由だった。

結局、組合側が債務負担で計上した一億四四〇〇万円の工事請負費は執行されないため、不用額として二〇〇四年（平成十六年）組合議会三月定例会に減額補正されることになってしまった。しかし、臭気問題の解消は地元と組合との約束事であることから、二〇〇四年度当初予算に改めて、建設費の一部約三億七九〇〇万円を組んで、企業体とはまったく別なメーカーに施工してもらうことにした。

〈RDFとは何だったのか〉

資源循環型社会形成の名のもと、「夢のリサイクル」としてスタートした、可燃ごみを固形燃料化するRDF施設は、御殿場・小山の場合、完全に破綻し、いまや「地獄のリサイクル」に変貌してしまった。公共事業であり、廃棄物処理という特殊事情から、即刻中止もかなわず、行政は相変わらず維持・管理費の捻出に四苦八苦しているのが実情だ。

事業が民間企業によるものであれば、既に倒産しても何ら不思議でないまで、事態は深刻化してしまった。行政の一つの判断ミスが、結局、税金のたいへんな無駄遣いを招き、別な形で新たな住民負担を強いるばかりでなく、環境に対する過重な負荷を与えるという最悪の事態を引き起こしている。

また、失敗した公共事業に常についてまわる責任者の不在も、RDFでは如実となっている。過去、RDF導入に積極的に働いた当時の職員、退職した特別職に、この時の経緯を尋ねても答えは曖昧だ。

ただ、RDFを検証する限り、最初に処理方式だけが、むやみに先行したことが、大きな不幸をもたらしたといえる。企業体の増幅されたプレゼンテーション、「ごみが燃料になり、売れる」「安い経費で何でも処理できます」といった説明に酔ってしまった住民も、いっとき甘い夢を見た。

この反省からごみに係わる職員たちは、現場の惨状を経て、もっと分別を細分化して、発生抑制に努めるべきだったという声が高まってきた。その結果、現在、RDFセンターの処理負荷を軽減させる方策も始まった。広報紙では毎月、減量を呼びかけ、事業所に対してもRDFセンターへの持ち込みをなるべく控え、リサイクルに回すよう指導している。

生ごみは処理に膨大なエネルギーを使うRDF搬入を避けて、自然に近い形で土に帰す堆肥化運動も、これからさらに広がりそうだ。市もこうした運動には、積極的な財政支援を打ち出している。

さらに、RDF問題が混迷する中、市民の間に環境への関心が高まったのも事実だった。リサイクル、リユース運動のほか、リサイクル目的のフリーマーケット、年数回にわたる衣類の大々的な回収運動などが展開されるようになった。また、広葉樹の里山づくり、トンボ池の育成など自然環境の保全を図るNPO団体が発足したり、富士山の自然について定期的に学ぶセミナーの開催といった動きが年々広まっている。

広域行政組合も以前は、情報公開に消極的だったが、減量を考慮して二年前から積極的にＲＤＦ事情を公にしている。定期的に全戸配布の広報紙も発行、ＲＤＦの問題点、企業体との交渉経過、弁護士への交渉委託の理由などを詳細に伝えるようになった。

こうした変化は、それだけＲＤＦが住民、行政に与えたダメージの大きさを示している。また、特殊な処理施設を建設する場合、密室談義や行政主導ではなく、市民参画、客観的な検証ができる専門家の意見聴取など、多角的な対応が必要なことを、負の遺産であるＲＤＦは物語ってくれた。

結局、ごみ問題の根本は、排出されたものを廃棄物とするか、資源とするか、といった分別の次元での対応もさることながら、最終的にはごみとならないような物づくり、処理場に搬入される以前に、環境負荷を抑えられる生産手段、持続可能な社会に貢献できる製品開発が不可欠となっている。これまでのごみ処理は、結果として次から次へ排出され放題のごみにばかり対応してきた。しかし、これからは結果ではなく、原因としてのごみを深く追求して、ごみの何たるかを真剣に見極めなければならない時代に入っている。

その好例として、武蔵工業大学教授で環境総合研究所（東京都品川区）の青山貞一所長が早稲田大学やカナダ大使館のシンポジウムや長野県などでの講演を通じて紹介しているカナダ最東端、大西洋に面するノバスコシア（ＮＳ）州の取り組みは、二十一世紀の廃棄物を考えるうえで示唆に富んでいる。青山所長は二〇〇三年三月と九月の二回、同州を視察している。

ＮＳ州は人口約一〇〇万人。ＮＳ州では一九九五年から二〇〇〇年までに一人あたりの廃棄物を半分に削減するという目標値を設定した。だが、市民団体から激しい批判を受けたため、代替案として最新型の焼却炉を提案した。ところが、これは市民をさらに激烈な反対運動へとエスカレートさせてしまった。

そこで行政側は住民に対して、問題解決への政策提言を求めた。行政と市民の協働（コラボレーション）に活路を見出そうとしたのだった。結果生まれたのが、「脱焼却」「脱埋め立て」に基づく「ゼロ・エミッション・プラン」だった。プランの仕組みは分かりやすかった。ごみを、「資源になるもの」「資源にならないもの」に厳密にわけたうえで、それぞれ再利用に向けるという発想だった。

青山所長の報告によると、「脱焼却」「脱埋め立て」の中心となる生ごみと下水汚泥の堆肥化、さらに飲料容器、そのほかの容器、タイヤなどへのデポジット制（購入者に対する返金制度）の導入、埋め立てや野焼きの禁止、ビン、缶・タイヤなどの再資源化といった施策を実行していった。

回収率八〇～九〇％を達成している生ごみと汚泥の堆肥化処理は、年間一二万トン。また、飲料容器の回収率も八〇％を超している。タイヤの回収率も八五％と高い数値を示している。こうした実績によって、廃棄物を半分に削減することに成功した。各所にあった焼却施設も現在、特殊用が一炉のみとなった。一〇〇カ所以上に散在していた埋め立て場も、一九九六年までに二〇カ所となり、これらも日本のように焼却灰を棄てる場所ではなく、現在の技術レベルでは資源化できないものを持ち込むだけとなっている。

さらに、リサイクル事業の導入により、新たに一〇〇〇人の雇用が生まれた点も高く評価されている。青山所長はＮＳ州の例をあげて、何でも燃やしてしまう焼却王国の日本の実態に対して、ダイオキシンや有害化学物質によるリスク発生を厳しく糾弾し、廃棄物対策への発想の転換を提言している。

二〇〇〇年（平成十二年）五月に成立した「循環型社会形成推進基本法」が、依然細部では骨抜きとなり、生産現場では明確な拡大生産者責任が問われずに、つくり放題の状態が続いている例を出すまでもなく、北欧やドイツ、カナダなどの先進地と比べてわが国の取り組みははるかに遅れ、また、間違いも引き起こしている。

ＲＤＦは、こんな勇み足の循環型社会が産んだ一種の歪みと言えなくもない。日本にはごみ処理に対する新技術、新しい発想の名のもとに、膨大な灯油や電気を投入し、これをまた燃焼させるという二重の環境リスクを、夢のリサイクルと呼ばしめた精神的風土がある。

それにしても、ＲＤＦはＪカトレルグループ・共同企業体（三菱商事・石川島播磨重工業・荏原製作所・フジタ）のゼネコン商法の表裏をくっきりと浮かび上がらせた。工事受注のためには、これでもか、これでもかの飴をばらまき、一流企業が責任を持って対応すると豪語しながら、トラブルの発生や維持・管理費が暴騰すると、契約条項と組合側の発注仕様書の事項を盾に、一歩も譲歩してこないという筈の嵐の実態が暴露された。日本の大手企業の倫理観の有り様を垣間見る気がする。

〔裁判の今後〕

RDF裁判については、もっか三カ月毎に口頭弁論が開かれ、弁論準備手続きが行われている。組合代理人の弁護士はこれまで、組合が保有する膨大なRDF関連の資料を検証したほか、RDF施設建設に関係した当時の田代光一ごみ処理施設建設室長ら組合側の関係者の事情聴取も始めた。

組合側弁護士は膨大な資料をチェックしながら、共同企業体施工のセンターの欠陥、RDF消費に対するメーカーの説明責任の不備を探し出している。問題が長期間にわたっているだけに検証作業も難航しているが、これは被告の共同企業体とても同じだ。設計とはおよそかけ離れた施設の正当性を証明するのは、現実の惨状をみれば骨の折れる作業だろう。

口頭弁論、弁論準備手続きは二〇〇四年秋まで続けられる見込みで、二〇〇五年二月から証人調べに入る予定となっている。組合代理人の弁護士は一審の東京地裁の判決がでるのは、二〇〇六年夏ごろとの見通しを示している。ただ、どちらかが判決を不服として上告し、最高裁まで審理が進めば、最終決着は二〇〇八年までかかるだろうとの見解を披露している。

資料

【資料1】
御殿場・小山ＲＤＦセンター計画概要

1　施設名　御殿場市・小山町広域行政組合ごみ固形燃料化施設
2　所在地　静岡県駿東郡小山町桑木四四五番地の一
3　敷地面積　二万二二八八平方メートル
4　建物
・工場棟　構造　ＲＣ、ＳＲＣ、Ｓ造（地上五階、地下二階）
延床面積　六三六〇平方メートル
高さ　三五・七メートル
管理棟　構造　ＲＣ造（地上三階）
延床面積　一〇三二平方メートル
高さ　一六・三メートル
車車庫　Ｓ造平屋　九九平方メートル
洗車棟　Ｓ造平屋　七八平方メートル
計量棟（二棟）Ｓ造平屋　二三＋三二平方メートル
5　実施設計費　一億七一二万円（契約金額）
6　建設工事費　七九億二〇七〇万円

7 工事費補助金　一〇億三四四六万六〇〇〇円（防衛補助）
8 着工年月日　平成七年十月十六日
9 完成年月日　平成十一年三月三十一日
10 設計・施工　三菱商事株式会社・石川島播磨重工業株式会社・株式会社荏原製作所・株式会社フジタ共同企業体
11 処理方式　固形燃料化方式（J―カトレルシステム）―RDF―（Refuse Derived Fuel）
12 施設規模　一五〇t／一五h（五t／h×一五h×二系列）
13 主要設備方式
(1) 受入れ供給設備　ピット・アンド・クレーン方式
(2) 供給方式　コンベア供給方式
(3) 固形化設備　圧縮反応固化方式
(4) 排ガス処理設備　湿式洗浄方式
(5) 排水処理設備　クローズド方式（雨水及び生活雑排水除く）
(6) 脱臭設備　物理的吸着脱臭方式（活性炭吸着脱臭方式）
(7) 集塵設備　ろ過式集塵方式
(8) 破砕設備　粗破砕機　二基（二軸せん断型）　一次破砕機　二基（二軸せん断型）
二次破砕機　二基（二軸せん断型）
(9) 固形燃料搬出方式　貯留サイロ方式　二〇〇立方メートル　二基

(10) 計量機　ロードセル方式　二基
14 乾燥熱源　灯油
15 RDF発熱量　約四三〇〇キロカロリー／キログラム（平成一三、一四年度平均値）
（低位発熱量）
16 添加剤　生石灰（ごみ重量に対して約五％）
17 ごみ処理（H15・4・1）　一〇万七四九五人（御殿場市八万五六七三人、小山町二万一八二二人）
18 ごみ処理量（H14年度）　可燃ごみ　二万九四五八トン

資料２　全国の中・大規模ＲＤＦ施設

所在地および事業主 施設名称	処理能力 (t／日)	稼働開始 (年／月)	所在地および事業主 施設名称	処理能力 (t／日)	稼働開始 (年／月)
札幌市 ごみ資源化センター	200	90／03	高知県 高幡東部清掃組合	23	02／03
富山県砺波広域圏事務組合 南砺リサイクルセンター	28	95／04	三重県 桑名広域清掃事業組合	200	02／03
大分県津久見市 ドリーム・フューエル・センター	32	96／12	茨城県波崎町 波崎RDFセンター	135	02／03
滋賀県愛知郡広域行政組合 リバースセンター	22	97／03	熊本県阿蘇広域行政事務組合 中部清掃センター	62	02／08
群馬県邑楽郡板倉町 板倉町資源化センター	23	97／03	福岡県稲築町ほか3町村 衛生施設組合	54	02／09
群馬県水上月夜野新治安広域衛生組合 奥利根アメニティーパーク	40	98／03	三重県上野市ほか4町村 環境衛生組合	135	02／11
静岡県御殿場市小山町広域行政組合 御殿場・小山RDFセンター	150	99／04	福岡県須恵町ほか2町 清掃施設組合	177	02／11
福岡県苅田町等第3セクター 苅田エコプラント	42	98／12	広島県大竹市 夢エネルギーセンター	42	02／11
兵庫県宍粟郡広域行政組合 宍粟環境美化センター	30	99／02	広島県府中市および上下町 府中市クリーンセンター	40	02／11
島根県加茂町外3町清掃組合 雲南エネルギーセンター	30	99／04	福岡県大牟田・荒尾清掃 施設組合	225	02／11
山口県新南陽市 フェニックス	48	99／04	石川県羽咋郡市広域圏事務 組合	66	02／11
山口県美祢地区衛生組合 カルスト・クリーンセンター	28	99／04	石川県七尾・鹿島広域圏 事務組合	96	02／11
山口県豊浦豊北清掃組合 クリーンセンター響	28	00／03	石川県奥能登クリーン組 合	48	02／11
茨城県鹿島市鹿島地方事務組合 RDFセンター	142	01／03	岐阜県恵那市 エコセンター恵那	40	02／12
三重県香肌奥伊勢資源化広域 連合	40	01／04	広島県福山市 RDF化施設	300	04／04

ＲＤＦ発電施設

所在地および事業主 施設名称	処理能力 (t／日)	稼働開始 (年／月)	出　力
三重県多度郡・県企業庁 「RDF発電所」	200	02／12	14000KW
福岡県大牟田市 「大牟田リサイクル発電」	315	02／04	20000KW
石川北部アール・ディ・エフ広域処理組合 「石川北部RDFセンター」	160	02／12	7000KW
広島県福山市 「福山リサイクル発電」	390	04／04	23700KW

あとがき

ごみの固形燃料化・ＲＤＦが話題となった一九九二年（平成四年）当時、取材を通して、ごみが燃料に変わり、しかも売れるという「夢のような話」にびっくりした。ごみは燃焼しかないと思っていただけに、この発想はまさに晴天の霹靂《へきれき》だった。

ＲＤＦ導入を計画した当時の行政マンも自信満々で、話す内容にも説得力があった。しかし、いざ、稼働してみるとシステムのトラブルや火災の発生、維持・管理費の急激な増加に悩まされる結果となった。さらに、夢の燃料として売却できるはずだったＲＤＦも、結局は高い運搬・処分費を御殿場市小山町広域行政組合が負担して、引き取ってもらうという構図に変わり、事態は最悪となった。

ＲＤＦ施設の建設は、二〇〇二年十二月一日から規制が厳しくなったダイオキシン類対策を踏まえて、この年だけで二五施設が運転を開始している。だが、多くの施設で、御殿場・小山と同様の事態に陥っているのが実態だ。

自治体はこれまで、排出されたごみをどう処理するかに心血を注いできた。そのため、処理方式や処理メーカーだけに焦点があてられ、排出抑制、リサイクルがなおざりにされてきた。

「可燃ごみ」「不燃ごみ」という仕分けもごみ処理の足かせとなった。その痛ましいツケの一つが御殿場・小山ＲＤＦセンターと言える。取材を通して感じたのは、ごみは「資源になるもの」「資源にならないもの」という発想の転換が強く求められているという点だ。

取材に関しては、御殿場市小山町広域行政組合事務局職員、ＲＤＦセンター職員、ＮＰＯ法人御殿場エコハウスなどの環境団体をはじめ、福岡県大牟田市や大阪府松原市、栃木県宇都宮市、広島県福山市でごみ問題、ごみ処理施設問題に真剣に取り組んでいる市民環境団体に多大の協力をいただいた。あらためて感謝を申し上げる。

最後に、本書発刊に際して緑風出版との仲介役を快諾してくれた環境問題フリーライターの津川敬さんと、緑風出版の高須次郎社長ほか、スタッフ一同に厚くお礼申し上げる次第である。

著者紹介

米山　昭良（よねやま　あきよし）

ジャーナリスト。1950年（昭和25年）、静岡県御殿場市生まれ。明治学院大学文学部フランス文学科卒。1992年（平成4年）から御殿場・小山のＲＤＦのトラブル原因と課題を指摘した連続ルポで、平成１０年10月、日本地方新聞協会主催の第７回ＪＬＮＡ（ジローナ）ブロンズ賞・優秀賞（最優秀賞は該当作なし）を受賞。止めよう・ダイオキシン汚染・関東ネットワーク会員、ダイオキシン・環境ホルモン対策国民会議会員。地元をはじめ、宇都宮市、松原市、大牟田市、福山市などでＲＤＦについて講演。

崩壊したごみリサイクル——御殿場ＲＤＦ処理の実態

2004年6月20日　初版第1刷発行　　定価2000円＋税

著　者　米山昭良©

発行者　高須次郎

発行所　緑風出版

〒113-0033　東京都文京区本郷2-17-5　ツイン壱岐坂

［電話］03-3812-9420　［FAX］03-3812-7262

［E-mail］info@ryokufu.com

［郵便振替］00100-9-30776

［URL］http://www.ryokufu.com/

装　幀　堀内朝彦

写　植　Ｒ 企 画

印　刷　モリモト印刷　巣鴨美術印刷

製　本　トキワ製本所

用　紙　大宝紙業　　E2000

Printed in Japan　ISBN4-8461-0407-9　C0036　　AkiyosiYONEYAMA